U0348145

饲用微生物
分析评价技术与管理要求

◎ 饶正华　李　明　李燕松　编著

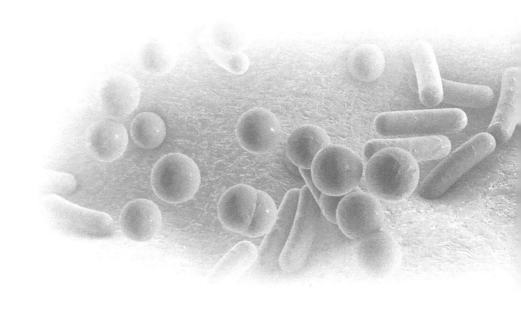

中国农业科学技术出版社

图书在版编目（CIP）数据

饲用微生物分析评价技术与管理要求 / 饶正华，李明，李燕松编著 . -- 北京：中国农业科学技术出版社，2022.5（2023.10 重印）

ISBN 978-7-5116-5745-9

Ⅰ.①饲⋯　Ⅱ.①饶⋯　②李⋯　③李⋯　Ⅲ.①微生物—饲料—研究　Ⅳ.① S816

中国版本图书馆 CIP 数据核字（2022）第 087914 号

责任编辑　金　　迪
责任校对　李向荣
责任印制　姜义伟　王思文

出 版 者　中国农业科学技术出版社
　　　　　北京市中关村南大街 12 号　　邮编：100081
电　　话　（010）82106625（编辑室）　（010）82109702（发行部）
　　　　　（010）82109709（读者服务部）
传　　真　（010）82106650
网　　址　http://www.castp.cn
经 销 者　各地新华书店
印 刷 者　北京中科印刷有限公司
开　　本　170 mm×240 mm　1/16
印　　张　9.25
字　　数　174 千字
版　　次　2022 年 5 月第 1 版　2023 年 10 月第 2 次印刷
定　　价　68.00 元

随着生活水平的提高，人们对肉蛋奶的品质提出了更高的要求，发展安全、环保、高效、多功能的饲料和饲料添加剂是大势所趋。随着现代生物技术的发展，应用于饲料中的微生物如微生物饲料添加剂、发酵饲料、饲料酶制剂、饲用活性肽、青贮饲料等对饲料工业发挥着越来越重要的作用。

　　微生物饲料添加剂能改善动物肠道的生态环境，拮抗抑制致病微生物，并能增加动物免疫功能，抵御感染，从而对养殖动物起到良好的保健作用。发酵饲料可以用于农作物的深度开发利用，大大缓解我国饲料蛋白质严重不足的现状。微生物还可利用大量的工业有机废水、废渣，发酵生产优质的蛋白饲料，起到保护环境和缓解资源危机的作用等。我国北方诸省超载放牧，草场退化严重，南方许多地方也存在着冬季和初春饲料不足的问题，若大力推广青贮饲料，则可解决这一问题。微生物在饲料中的应用前景非常广阔。

　　国外 20 世纪 60 年代初就开始研究开发微生物在饲料中的应用。美国、日本、欧洲、中南美洲、东南亚等地均在使用，并有推广普及的发展趋势。我国自 2020 年 7 月 1 日起饲料生产企业停止生产含有促生长类药物饲料添加剂（中药类除外）的商品饲料。"后抗生素时代"的到来，使得具有替代抗生素功效的微生物饲料添加剂等产品将会成为"十四五"期间乃至未来相当长时期饲料添加剂快速发展的主体，微生物饲料添加剂产业迎来了历史性机遇。

　　然而，在大力应用微生物的同时，也不可忽视其安全性。微生物应用到饲料中，初期曾被人们认为是天然、安全、无害的，但事实并非如此，微生物应用不当，也可能产生潜在致病性、携带并转移抗生素抗性基因以及产生有毒代谢产物等。

本书从微生物在饲料中的应用、饲用微生物检测技术、微生物菌种的安全性评价技术以及国内外微生物菌种的管理要求 4 个方面进行介绍，适用于从事饲用益生菌生产、质检和研究人员阅读使用，可为建立合适的检测评价和监管技术、保障饲料产品质量、推进饲用微生物的高质量发展提供参考。

　　由于编著者水平有限，部分内容系根据实验、相关知识和个人经验编撰，尚未经过权威论证，错误之处，敬请读者指正！

编著者

2022 年 3 月

CONTENTS **目 录**

第一章
饲用微生物概述

第一节 微生物在饲料中的应用

微生物是一群体形细小，结构简单，人肉眼看不见，必须借助于光学显微镜、电子显微镜放大几百倍、几千倍甚至几万倍才能看到的生物（全国科学技术名词审定委员会，2012）。

饲料是发展畜牧业的物质基础之一，畜禽生长需要多种营养，都是依赖含有丰富营养的饲料来供给的，而微生物已渗透到饲料生产、调制、贮存、运输、饲养等各个环节中（张卫凡，2017）。微生物在饲料中的作用有两类，一类是污染或致病的微生物，包括大肠杆菌、沙门菌、金黄色葡萄球菌、单核细胞增生李斯特菌等，这类微生物影响饲料的安全品质、养殖业安全生产、环境卫生和人类健康（祁国明，2006）。另一类微生物可用来生产酶制剂、青贮饲料、单细胞蛋白或作为微生物饲料添加剂直接饲喂到动物中（侯玉凤等，2021）。我国《饲料添加剂品种目录》中允许使用的微生物主要有乳酸菌、丙酸杆菌、芽孢杆菌、酵母、曲霉、光合细菌等六大类（中华人民共和国农业部公告第 2045 号，2013）。目前在饲料中添加的酶制剂都是由微生物生产的。饲料中的抗营养因子是植酸盐和非淀粉多糖，包括 β-葡聚糖、阿拉伯木聚糖、纤维素、果胶，而消除这些抗营养因子的酶制剂包括植酸酶、β-葡聚糖酶、木聚糖酶、果胶酶、α-半乳糖苷酶。而对于早期幼小畜禽来讲主要是其内源酶分泌不足（王尊龙，2011）。一般在常规日粮饲料中添加淀粉酶、蛋白酶为主的复合酶，以促进营养物的消化吸收，消除营养不良和减少腹泻的发生。2019 年 7 月农业农村部发布第 194 号公告，要求根据《兽药管理条例》（国务院，2009）和《饲料和饲料添加剂管理条例》（中华人民共和国国务院令 第 609 号，2011）有关规定，按照《关于印发遏制细菌耐药国家行动计划（2016—2020 年）的通知》（国医发〔2016〕43 号，2016）和《全国遏制动物源细菌耐药行动计划（2017—2020 年）》部署，为维护我国动物源性食品安全和公共卫生安全，决定停止生产、进口、经营、使用部分药物饲料添加剂，自 2020 年 7 月 1 日起饲料全面禁抗，并推出了《兽药生产质量管理规范（2020 年修订）》《兽药生产质量管理规范（2020 年修订）》。"后抗生素时代"的到来，使得具有替代抗生素功效的饲料添加剂产品如饲用微生物、酶等将会成为"十四五"期间乃至未来相当长时期饲料添加剂快速发展的主体。

1907 年，诺贝尔奖得主俄罗斯科学家 Elie Metchnikoff 提出部分细菌可能对人体有益，他发现经常食用含有发酵菌的牛奶是保加利亚人身体健康并且长寿的重要原因（Gordon，2010）。1917 年第一次世界大战期间，德国 Alfred Nissle 从一名在志贺病暴发时没有患肠炎的士兵的粪便中分离出一株大肠杆菌，Nissle 利用这株菌在治疗肠道感染性疾病中取得显著的成果（杨颖，2016）。法国儿童医师 HenryTissier（1902）发现患腹泻的婴儿粪便中一种双歧杆菌（*Bifidobacterium*）的检出量较健康婴儿低，而这种细菌可以帮助腹泻的病人恢复健康的肠道菌群（李德斌和赵敏，2011）。Lilly 和 Stillwell（1965）第一次提出"益生菌"（Probiotic）这一名词，定义为"由微生物产生的促生长因子"，但也只是为了与"抗生素"（Antibiotics）相区别（董珂等，2005）。Fuller 将益生菌定义为"通过改善肠道微生物的平衡，对宿主生物体产生有益影响的活的微生物制剂"（李庆海和章学东，2011）。Havenaar 和 Veld 提出，益生菌是通过改善人或动物肠道的固有菌群的特性，而对宿主产生有益影响的单一或混合的活的微生物制剂（Havenaar 和 Veld，1992）。1998 年国际生命科学学会（ILSI）提出，"益生菌是额外摄入的活性微生物，并对宿主的健康产生有益影响"。Tannock（2000）等认为益生菌是能够通过胃肠道对宿主的健康产生有益影响的微生物（王丽凤和张和平，2011）。2001 年，世界粮食及农业组织（FAO）和世界卫生组织（WHO）也对益生菌做了如下定义："摄取适当的量，对宿主健康起有益作用的活的微生态制剂"。在现代生物技术日益发展的基础上，微生物越来越发挥重要作用，可以用来增加饲料新品种或改进饲料质量。益生菌在饲料中的应用主要分四个部分。

一是通常所说的微生态制剂或益生素，是用培养繁殖可以直接饲用的微生物制备的活菌制剂，即饲用微生物。饲用微生物的概念是指用于维持动物机体微生态平衡和改善动物生理生化机能，以活菌形式作为饲料添加或直接饲喂或用于发酵饲料的微生物。它通常是由许多微生物及其代谢物组成，可以直接饲喂动物，具有无副作用、无残留污染、不产生抗药性等特点，也具有抗病、治病、促生长等多种功能，通过调整畜禽体内的微生态失调，保持动物肠道菌群生态平衡而发挥有益作用，从而提高动物健康水平、抗病能力和消化能力。近年来，微生物饲料添加剂发展速度很快，目前已经开发出上百种微生物饲料添加剂产品。微生物饲料添加剂根据菌种来源，可分为乳酸菌饲料添加剂、芽孢菌饲料添加剂、酵母菌饲料添加剂等；根据菌种的多少可分为单一菌属微生物饲料添加剂和复合菌属微生物饲料添加剂；根据其作用可分为微生物生长促进剂和益生素；根据微生物饲料添加剂的产品形式和作用可分为活菌制剂、灭活菌制剂和酵母培养物。

二是利用微生物在液态基质中大量生长繁殖的菌体以生产单细胞蛋白（SCP）如酵母饲料等以及菌体蛋白（MBP）如丝状真菌菌体、食用菌菌丝体及光合细菌、螺旋藻饲料等。单细胞蛋白是微小生物的细胞蛋白。常被用作精饲料或一般饲料的添加剂，从而增加畜禽和鱼类的蛋白质营养。啤酒厂制酒，发酵后滤出的酵母，干制后含有大量的蛋白质和多种维生素，是营养价值较高的添加剂。木材水解液、废糖蜜、亚硫酸纸浆液和食品加工业的下脚料或废水，也被利用来培养产朊假丝酵母、热带假丝酵母等，供作饲料蛋白。我国利用白地霉在开放式浅池或深层培养中生产大量菌体，进而加工成猪、鱼等的高蛋白饲料。小球藻、栅藻、螺旋藻等在浅水中，用人工培养液于阳光下开放培养，繁殖藻体，经适当加工后也可制成优质的饲料。

三是固态发酵饲料。就是利用微生物的发酵作用来改变饲料原料的理化性状，或提高消化吸收率、延长消化吸收率、延长贮存期，或变废为宝，将秕壳残渣变为饲料，或解毒脱毒，将有毒的饼粕转变为无毒、低毒的饲料，这一类发酵饲料包括青贮、微贮、粗饲料与担子菌发酵、畜禽粪与动物性下脚料发酵、饼粕类发酵脱毒饲料以及固态发酵菌体蛋白饲料。青贮饲料是利用乳酸细菌类微生物发酵产生乳酸贮存的饲料，其原理是通过有效微生物的生长繁殖使分泌酸大量增加，秸秆中的木聚糖链和木质素聚合物酯链被酶解，促使秸秆软化，体积膨胀，木质纤维素转化成糖类。连续重复发酵又使糖类二次转化成乳酸和挥发性脂肪酸，使 pH 值降低到 4.5～5.0，抑制了腐败菌和其他有害菌类的繁殖，达到秸秆保鲜的目的。其中所含淀粉、蛋白质和纤维素等有机物降解为单糖、双糖、氨基酸及微量元素等，促使饲料变软、变香而更加适口。最终使那些不易被动物吸收利用的粗纤维转化成能被动物吸收的营养物质，提高了动物对粗纤维的消化、吸收和利用率。这种办法能将饲料原料转化为微生物菌体蛋白、生物活性小肽类氨基酸、微生物活性益生菌、复合酶制剂为一体的生物发酵饲料。它的主要作用包括：抑制和阻止致病性大肠杆菌、梭状芽孢杆菌、沙门菌等肠内有害菌的繁殖，恢复维持健康的肠道菌群；可以产生淀粉酶和蛋白酶等消化酶以及 B 族维生素；通过刺激肠道内免疫细胞，增加局部抗体的形成，从而增强免疫力；产生过氧化氢，从而抑制病原微生物等。饲料在较长期间内保持青嫩、多汁和适口。这些发酵产物的积累，既可保持饲料不腐败，又能改善它的营养价值和适口性。

四是利用现代化的微生物工程，发酵积累微生物有用的中间产物或特殊代谢产物。饲用氨基酸、维生素以及淀粉酶、α-半乳糖苷酶、纤维素酶、β-葡聚糖酶、葡萄糖氧化酶、脂肪酶、麦芽糖酶、β-甘露聚糖酶、果胶酶、植酸酶、蛋白酶、角蛋白酶、木聚糖酶、溶菌酶、黄曲霉毒素降解酶等酶制剂等，可补充饲料营养成分，提高饲料利用率，缓解饲料资源短缺，减轻环境污染，减少抗生素的使用，降低饲料成本，提高养殖业综合效益。20 世纪 40 年代，通过液体深层发酵技术，实现了 α-淀粉酶的工业化生产，酶制剂产业从此形成了一个富有活力的高技术产业。1975 年，世界上第一个商品饲用酶制剂由 Kemin 公司推出，自此以后，植酸酶、蛋白酶、淀粉酶、β-葡聚糖酶等被陆续开发出来。欧洲 95% 以上饲料都添加酶制剂。酶制剂良好的发展前景吸引了许多研究机构和丹麦诺维信公司、美国 Genecor 公司、德国 BASF 公司、瑞士 Roche 公司和 Novartis 公司、美国 Du Pont 公司等从事酶制剂的研发和生产。20 世纪 90 年代以来，基因工程和蛋白质工程等新技术在酶制剂领域得到进一步应用，推动了酶制剂研发技术和产业发展。我国饲料酶制剂产业起步于 1990 年，开发应用的历史比较短，但进步神速。目前我国登记注册生产饲料用酶制剂的厂家上百家，具有自主知识产权的饲料酶研制源头创新成果不断增加，中国农业科学院北京畜牧兽医研究所姚斌院士团队、浙江大学和北京挑战生物公司等在饲料酶方面，从研发、生产、应用到出口都取得了不俗成绩。当前，国产转基因植酸酶的科技贡献和产品科技含量都达到一个新的水平和阶段，具有标志性的里程碑意义，堪称行业高技术研发和产业化的典范，为中国饲料酶和整个酶制剂产业的跨越式发展积累了十分宝贵的经验，对整个行业发展都具有借鉴意义，酶制剂产品潜力巨大、前景良好。

第二节　饲用微生物的发展现状与趋势

由于微生物的生产具有原料广泛、投资少、产出率高、有利于环境保护以及不受生产地区和气候条件的限制等优点，符合环境保护、节约能源等要求，因此，饲用微生物的研究与应用在我国乃至于世界上具有越来越重要的地位。

一、饲用微生物在我国的发展现状

20 世纪 60 年代初，国外开始研究微生物饲料。70 年代，欧美及日本等国家均已将微生物饲料添加剂列入了允许使用范畴，诞生了大量生产厂家和企业，生产的微生物饲料添加剂品种繁多，微生物饲料添加剂形成新兴产业（谢明勇等，2014）。目前，美国、日本、欧洲、中南美洲、东南亚等地均在使用，并有推广普及的发展趋势（饶正华，2003）。近年来，我国微生物饲料的发展也十分迅猛。

我国饲用微生物添加剂的应用研究开始于 20 世纪 80 年代，何明清等（1984）利用微生态制剂防治雏鸡白痢，治疗效果达 92.84%，同时观察到添加剂可明显促进雏鸡的采食量和提高增重（何明清等，1984）。"八五"期间，国家科委对"饲用微生物添加剂"组织重点攻关，"调痢生"等动物微生物制剂纳入"八五"火炬计划（解洪业等，2002）。此后大量新的微生物饲料添加剂被推广应用，对于提高饲料转化率、动物增重、机体免疫功能、防病力和降低幼畜（禽）死亡率发挥了重要功能。

饲用微生物中，乳酸杆菌具有产酸、耐酸、不耐热、产生抑菌素（Bacteriocin）、为动物肠道内正常菌群等特点（Zhang 等，2021）；粪链球菌为正常存在的微生物；而芽孢杆菌属和酵母菌属仅零星存在于肠道中（周相华，2005）。芽孢杆菌具有较高的蛋白酶、脂肪酶和淀粉酶活性，可明显提高动物生长速度和饲料利用率，在饲料加工过程及酸性环境中有较高的稳定性，在肠道环境中不增殖。我国已应用于生产的需氧芽孢杆菌主要有蜡样芽孢杆菌、枯草芽孢杆菌、地衣芽孢杆菌和巨大芽孢杆菌（刘典同等，2009）。酵母类可为动物提供蛋白质，帮助消化，刺激有益菌的生长，抑制病原微生物繁殖，提高机体免疫力和抗病力，对防治畜禽消化道系统疾病起有益作用，主要应用的有啤酒酵母和石油酵母（Direkvandi 等，2020）。其他还有光合细菌、拟杆菌、木霉等。饲用微生物应用最广泛的是芽孢杆菌、酵母菌、乳酸菌（Michalak 等，2021）。我国《饲料添加剂品种目录》中允许使用的微生物主要有：乳酸菌、丙酸杆菌、芽孢杆菌、酵母菌、曲霉菌、光合细菌等六大类。当前我国饲料添加剂品种目录中规定允许使用的菌种包括：地衣芽孢杆菌、枯草芽孢杆菌、两歧双歧杆菌、粪肠球菌、屎肠球菌、乳酸肠球菌、嗜酸乳杆菌、干酪乳杆菌、德氏乳杆菌乳酸亚种、植物乳杆菌、乳酸片球菌、戊糖片球菌、产朊假丝酵母、酿酒酵母、沼泽红假单胞菌、婴儿双歧杆菌、长双歧杆菌、短双歧杆菌、青春双歧杆菌、嗜热链球菌、罗伊氏乳杆菌、动物双歧杆菌、黑曲霉、米曲霉、迟缓芽孢杆菌、短小芽孢杆菌、纤维二糖乳杆菌、发酵乳杆菌、德氏乳杆菌保加利亚亚种、产丙酸丙酸杆菌、布氏乳杆菌、副干酪乳杆菌、凝结芽孢杆菌、侧孢短芽孢杆菌、丁酸梭菌等。

二、我国饲用微生物的发展趋势

我国具有发展饲用微生物丰富的资源优势和巨大的市场潜力。我国能用于生产菌体蛋白的原料十分丰富，酒精、味精及造纸工业废液、皮革脱毛废水、农作物秸秆（麦秸、稻草、玉米秸）等，若进行微生物处理，可大大增加饲料用粮和提高其消化率；同时，我国存在着人多粮少、能源匮乏等隐患，饲用微生物有着十分巨大的市场潜力（Ciani 等，2021）。随着我国高效率、规模化、集约化的畜牧生产体系逐渐形成，以及"饲料禁抗"的影响，为微生物饲料的推广带来了巨大的商业契机，微生物饲料正向复合型、多功能方向发展。

一是安全性。对饲用微生物菌株的安全性评价会更加严格，不仅会对菌种的纯度进行监控，还要对菌株的致病性、携带可转移耐药基因的可能性和代谢产物的毒性进行综合评价。

二是复合性。菌种由单一菌株向复合菌株发展。如有益微生物（EM）即是由光合细菌、放线菌、乳酸菌及发酵型丝状真菌等多种微生物培养而成的复合微生物制剂。基因工程菌则向抗逆性强、多功能和生长快等特点发展。

三是多功能性。微生物饲料不应在功能上单一，而应同时具有促生长、防治疾病、消除粪便臭味等多重效果。

四是精准性。对菌株的定向筛选和使用对象更加精准。如乳酸菌不耐高温，在生产过程中损失大，且不易保存和运输。科研工作者通过一系列生物技术，定向筛选出耐高温的生产菌株。同时，对不同动物、不同生长阶段使用不同的菌株、剂型、用量更加精准。如适用于单胃动物的微生物所用菌株一般为乳酸菌、芽孢杆菌、酵母等，用于反刍动物的通常是真菌酵母。有些菌株不宜在饲料中添加，可做成水剂直接饮喂。而芽孢杆菌及粪链球菌等耐受性强，可在饲料中直接添加，方便实用。

第三节 饲用微生物的主要作用与机制

饲用微生物具有维护肠道生态、抑制病原菌、增强动物机体免疫力、缓解不良应激、抗氧化、提高动物消化率、改善畜产品品质及畜舍环境等重要的生理功能（Zyoud 等，2022）。

一、饲料微生物的主要作用

（一）保持肠道生态平衡，维护肠道健康

动物肠道既存在有益微生物，又可能存在致病微生物。有益微生物通过竞争性排斥或分泌有机酸等抑菌物质来抑制沙门菌等致病微生物。抑菌机制包括产生有机酸、过氧化氢、抗菌物质，与致病微生物竞争营养素或结合位点等。动物可以通过摄入饲用微生物，调节肠道菌群平衡，降低肠道中炎症的发生，治疗慢性的胃肠道炎症性疾病，包括：克罗恩病（CD）和溃疡性结肠炎（UC）等（Wang 等，2021）。

（二）缓解不良应激反应

应激反应表现在动物生理机能产生变化、紊乱，致使采食量减少、生长缓慢、抵抗力弱等，严重的甚至会死亡（Paszti-Gere 等，2013）。

（三）改善圈舍环境

动物粪便中主要发出臭味的物质包括硫化物和氨化物等。添加一些饲用微生物可以使圈舍中的氨气水平明显降低，挥发性有机物质显著降低，其他丁酮、己醛、二甲基二硫醚等明显减少，圈舍环境大大改善（Chen 等，2018）。

（四）影响畜产品品质

品质是一个很广泛的概念，包括风味物质、脂肪、氨基酸等。有研究表明，微生物饲料添加剂可以调节畜产品中脂肪酸的组成和胆固醇的含量。蛋鸡日粮中添加荚膜红细菌降低了蛋黄中的胆固醇和甘油三酯的含量，并且提

7

高了蛋黄中不饱和脂肪酸与饱和脂肪酸的比例。凝结芽孢杆菌可以改善广西三黄鸡的口感，降低胸肌的剪切力和滴水损失（佟建明，2019a）。

（五）增强免疫功能

饲用微生物能激活巨噬细胞、增强 NK 细胞活性和增加免疫球蛋白水平，增强非特异性免疫和特异性免疫应答。某些乳酸杆菌能够诱导促炎因子，如白介素（IL-1、IL-6、IL-12）、肿瘤坏死因子 α（TNF-α）、干扰素（IFN-γ），以及抗炎性细胞因子（IL-10、转化生长因子 β）等（Christensen 等，2002）。其中 IFN-γ 和 IL-12 可以有效地增强巨噬细胞和 NK 细胞功能；IL-10 和转化生长因子 β 通过抑制巨噬细胞和 T 细胞的功能，促进调节性 T 细胞的产生而缓解炎症反应（Luan 等，2019）。

二、饲用微生物的作用机制

饲用微生物应用于饲料的作用机理，目前尚未完全清楚，但一般认为是综合作用的结果。

（一）竞争性抑制

竞争性抑制包括营养和定殖位点（阻止有害微生物在肠黏膜附着与繁殖）的竞争。健康畜禽肠道内生长着各种各样的微生物群落，各种微生物群落之间相互依存、相互制约，构成畜禽肠道内微生态平衡状态，建立一个正常且平衡良好的肠道微生物区系对抵御病原性微生物感染具有十分重要的作用（郭科等，2002）。由于微生物之间存在着相互作用，某一生态系统中现存的微生物会阻止新的有机体在这一部位的入侵，如嗜酸乳杆菌对猪肠道上皮的亲附能力非常强，从而减少了大肠杆菌与肠道上皮结合的机会（罗波文等，2020）。因此对那些菌群形成迟缓或有障碍的幼小动物服用的微生物制剂有着十分重要的意义。现代孵化方法养殖的小鸡因没有接触过成年的鸡，不能像农庄圈养的鸡那样迅速地建立起肠道菌群，给小鸡接种适当的肠道微生物，帮助它们建立起自己的肠道菌群，能提高其对沙门菌的抗性。而对于成年动物，由于许多微生物只能在肠道内存活相当一段时间，因此必须连续服用活菌制剂才能保持某一微生物在肠道内的定殖。在某些情况下，如应激、疾病以及长期使用广谱抗菌药等，都可造成肠道内微生态平衡的破坏。而饲喂微生物饲料，有益的微生物到达消化道后，在消化道内迅速繁殖，在数量上便占绝对优势，加上它们生长代谢造成厌氧环境，就大大抑制了那些需氧性致病菌的生长繁殖。

（二）产生抑菌物质

许多乳酸菌和链球菌可以产生细菌素，如乳酸链球菌肽等，这些多肽类物质能抑制沙门菌、志贺菌、铜绿假单胞菌和大肠杆菌的生长（张阳玲等，2020）。在某些条件下，有些乳酸菌可以产生少量的过氧化氢，过氧化氢可以抑制许多细菌的生长，尤其是革兰氏阴性病原菌。这是由于大肠内的乳酸过氧化氢酶—硫氰酸盐反应系统被激活的结果，其反应产物可以抑制细菌的生长，也可以形成酸性环境，从而起到杀菌的作用。另外有些有益微生物可以产生溶菌酶，从而抑制病原菌的生长（乃用，2004）。

（三）防止有害物质的产生

由于直接饲用微生物能促进营养物质的消化吸收，因而可减少氨和其他腐败物质的产生。研究表明：饲喂微生态制剂可以减少内容物、粪便、门静脉中的氨含量以及肠内容物中的对甲酚、吲哚、3-甲基吲哚等腐败物质的含量，缓解粪便臭味，净化畜禽环境。此外，直接饲用微生态制剂有益菌在肠道内能生长形成致密性膜菌群，形成生物屏障，阻止有害物质和废物的吸收（Usakova 等，2015）。

（四）产生有机酸

例如，乳酸和乙酸可使消化道内 pH 值降低，抑制其他病原性微生物生长，从而保持或恢复肠道内微生物群落的平衡，达到防病促生长的目的（El-Saadony 等，2021）。

（五）免疫激活，提高机体免疫功能

微生态制剂中的有益菌是良好的免疫激活剂，它们能刺激肠道免疫器官生长，激发机体发生体液免疫和细胞免疫。直接饲用微生物可以提高畜禽抗体水平或提高巨噬细胞的活性，增强免疫功能。及时杀灭侵入体内的致病菌，从而防止疾病的发生（Susanti 等，2021）。

（六）补充氨基酸、维生素等营养成分

直接饲用微生物制剂中的有益菌在肠道内代谢可产生多种消化酶、氨基酸、维生素（维生素 K、维生素 C、维生素 B_1、维生素 B_2、维生素 B_6、泛酸、烟酸、生物素、肌醇和叶酸等），以及其他一些代谢产物作为营养物质被畜禽机体吸收利用，从而促进畜禽的生长发育和增重。

第四节　饲用微生物的安全性

饲用微生物的应用对解决资源短缺、提高饲料的利用效率、替代抗生素等方面发挥了重要作用，与此同时，也不能忽视它们的安全性问题。为了确保饲用微生物的安全性，对菌株的检测和安全性评价技术非常重要。

一、饲用微生物的安全性

虽然饲料中益生菌是相对安全的，但也应当对具有潜在风险的微生物采取措施，以保护动物、人类和环境安全（王加启，2020）。从理论上讲，饲料中益生菌使用风险包括：一是饲喂益生菌后动物发生感染；二是食用益生菌生产的动物产品后发生感染；三是抗性基因的转移；四是动物生产中向环境排放感染性微生物或有毒化合物；五是动物饲养或饲料生产人员发生感染；六是导致接触人员皮肤、眼睛或黏膜过敏；七是外源污染菌产生毒素，导致宿主代谢紊乱或中毒；八是过度刺激易感宿主的免疫系统（Doron 和 Snydman，2015；Marteau 等，2002；Morelli 和 Capurso，2012）。当前，我国饲用微生物面临的主要潜在风险有以下几个方面。

（1）菌种不纯。对菌株的准确鉴定是对饲用微生物安全评价的基础，也是安全性评价的第一步。此外，菌种不纯许多时候是由于在生产过程中无菌控制不严格，混入杂菌，有的甚至是致病菌。大连海洋大学的傅松哲和黎睿君博士在对辽宁某地区地下水中进行病原监测时发现了某地地下水存在含炭疽毒素的芽孢杆菌，通过基因组流行病学溯源发现，其来自附近养殖场使用的含炭疽毒素芽孢杆菌的益生菌饲料添加剂，随之污染了地下水。研究还发现，33.7% 的益生菌产品被一些重要人类病原菌如肺炎克雷伯菌（*Klebsiella pneumoniae*）污染，带来了严重的安全隐患（Fu 等，2019b）。

（2）潜在致病性问题。正常菌群与宿主之间、正常菌群之间，通过营养竞争、代谢产物的相互制约等因素，维持着良好的生存平衡。在一定条件下这种平衡关系被打破，原来不致病的正常菌群中的细菌可成为致病菌，这类细菌为机会性致病菌，也称条件致病菌。枯草芽孢杆菌、粪肠球菌、屎肠球菌、双歧杆菌等均属于条件致病菌，可能会引起心内膜炎、尿道感染等。

（3）产生有毒代谢产物的问题。饲用微生物安全性评价，需要对其含有致病基因的潜在可能性以及毒性代谢产物的产生予以重视，毒力因子的检测主要通过检测参与毒力因子形成的相关毒力基因。欧洲食品安全局（EFSA）在 2012 年颁布的关于屎肠球菌的安全性评价指南中要求，必须检测 *IS16*、*esp* 和 *hylefm* 基因。毒性代谢产物包括菌株产生的酶、溶血素、溶细胞素、肠毒素和 D- 乳酸等。对于某些能够产生真菌毒素的真菌，应在多种培养条件下进行产毒实验，并进行有毒活性代谢产物含量检测（EFSA，2013）。

（4）耐药性问题。动物胃肠道栖息着多样性高且数量多的复杂微生物群落。细菌在肠道等复杂的微生物生态系统中彼此接触，这样有助于基因的转移，导致非病原菌的抗性基因转移给潜在的病原菌（Martinez 等，2018）。因此，如果动物益生菌中存在可转移的抗性基因，就有可能转移给环境和人体中的其他微生物。当前认为，真菌抗性元件的转移机制与细菌不同，在真菌中，抗性基因及其他基因的水平转移通常不易发生，尤其是不同的菌种之间（Costa-de-Oliveira 和 Rodrigues，2020），没有证据表明酵母存在抗性转移的风险。因此，对细菌菌株抗生素耐药性的测定，是对现有的和潜在的有益微生物菌株安全性评估的一个重要内容。有益微生物基因组中含有抗生素抗性基因，只要该基因没有转移给其他菌株的可能性，其本身并无安全问题，抗生素抗性基因的水平转移，尤其是在活动基因成分内进行的，最有可能在不同微生物中转移。用于饲料添加剂的菌株必须首先通过体外试验对其相关的抗生素易感性进行检测；其次，为了区分自然抗性和获得性抗性，需要进一步测定最低抑制浓度。当一株本应对某种抗生素敏感的菌株产生抗性时，它就有可能出现了获得性抗性。大连海洋大学的傅松哲和黎睿君博士收集了来自中国 16 个省份的 92 个品牌的动物用益生菌产品，共分离出 123 种芽孢杆菌属益生菌，发现其中 45 种菌株对抗生素具有抗性（Fu 等，2020）。微生物基因组中含有抗生素抗性基因本身并无安全问题，只要该基因没有转移给其他菌株的可能性。含有抗生素抗性基因的饲用微生物可能成为潜在致病菌抗性基因的来源，并可能在肠道环境中发生转移，因此检验是否含有抗生素抗性基因并区分是固有抗性还是获得性抗性是非常必要的。

安全性是对饲用微生物的最基本要求。在充分利用饲用微生物功能性的时候，不可忽视饲用微生物可能导致的潜在危害，目前，人们对饲用微生物的应用还缺乏统一的安全性评价方法和管理要求。

二、饲用微生物优良菌株的特点

一种优良的饲用微生物，其菌株应具有以下基本特点。

（1）安全性要好。对选用的菌株必须进行安全性评价，尤其是对新分离的菌株，要严格进行安全性评价。对于饲用微生物安全性评价的内容主要包括：对于靶动物具有安全性；与肠道病原体对于抗生素耐药性的选择和转移，以及与病原菌存在时间的延长和排泄相关联的任何风险；将添加剂混入预混料或饲料时，对于接触人员的呼吸道、眼或皮肤产生的风险；该添加剂本身或添加剂衍生的副产品，不论是直接或由动物排泄，对环境产生不利影响的风险；饲用微生物菌株，必须对人及靶动物都无致病性和无毒性。

（2）存活能力要强。用作饲用微生物的菌株必须要在生产、加工、运输等过程中能耐受高温、干燥、高压等因素，并且能够在胃肠中耐受酸、碱、盐和消化酶等不利因素。

（3）具有功能性。也就是能产生消化酶等益生物质或维生素等营养成分。

（4）饲用微生物不能够携带耐药基因质粒。通过对常用抗生素的敏感性测试来证实菌体中是否存在耐药性质粒，如果菌株对常用的抗生素都敏感，说明该菌在耐药性方面是安全的。

（5）使用的饲用微生物菌株要能在肠道上皮细胞上黏附。使用的饲用微生物菌株对动物肠道要有较强的适应性和存活力。有研究表明，微生物的益生作用与其分泌物功能和拮抗能力有关，可以通过多次添加或连续饲喂，有效解决非定植菌在肠道中稳定存活的问题。

第二章
饲用微生物检测分析技术

第一节 微生物检测通用要求

微生物实验室要通过实验室的合理布局和结构、使用合适的建筑材料、配备相关设施设备、通过各种科学操作，确保实验人员安全、周边环境及生态安全以及微生物因子质量与安全，从而长期而安全地运行，同时需要为实验室工作人员提供一个舒适而良好的工作环境。确保实验人员安全就要确保实验人员与微生物因子的隔离，确保人员所处的环境清洁。环境及生态安全就是确保实验微生物因子被限定在实验室特定空间内，不允许微生物因子通过任何途径进入实验室外的周边环境。微生物因子质量与安全就是构建微生物因子所处的小环境是洁净的、适宜的，确保微生物因子特性，同时不被环境中的其他微生物污染（Teknik kurul，2013）。

一、生物安全防护实验室

生物安全防护实验室是进行微生物学、生物医学、生物化学、动物实验、基因重组以及生物制品等研究、检测分析实验室的统称。根据微生物及其毒素的危害程度分为四级：一级最低，四级最高（陈巍等，2006）。

一级生物安全防护实验室：适合处理对健康成年人已知无致病作用的微生物，如用于教学的普通微生物实验室等。

二级生物安全防护实验室：适合处理对人或环境具有中等潜在危害的微生物。

三级生物安全防护实验室：适合处理主要通过呼吸途径使人传染上严重甚至致死疾病的致病微生物及其毒素。艾滋病病毒（血清学实验除外）应在三级实验室中进行。

四级生物安全防护实验室：适合处理对人体具有高度的危险性，通过气溶胶途径传播或传播途径不明，尚无有效的疫苗或治疗方法的致病微生物及其毒素。

建设布局是生物安全实验室安全运行的基础。由于致病微生物的危险性，必须防止危险性微生物向外界扩散，全面阻断危险性微生物与外部环境的接触途径，同时避免微生物受外界污染，影响实验结果的准确性，必须采取合理的实验室布局（黄霞等，2002）。

控制系统是整个生物安全实验室安全运行的神经中枢。出于控制污染的原则，要以最少的维护人员，最优化的管理维护手段，来实时监控实验室中每一台设备所处的物理环境，保证实验室运行过程始终处于相对负压环境，防止危险性微生物外泄。

空气调节系统是生物安全实验室安全运行的关键。必须通过采用合理的空气调节系统，保持生物安全实验室的相对负压环境无论何时都不被破坏，以保证实验室内危险性微生物不能向外部环境中扩散。

安全设备设施是生物安全实验室安全运行的必要手段，包括洁净室、无菌隔离系统、净化工作台、高压灭菌器、电热恒温干燥箱、生物安全柜、护目镜、口罩等（王庆梅，2010）。

严格的管理制度和标准化的操作程序是生物安全实验室长期安全运行的保证。由于生物安全实验室的特殊性，要进行严格的设计、施工、调试、工程检测和验收，达到安全要求和使用要求后才可投入运行。另外，使用过程中还要对高效过滤器等进行定期检测和及时更换。

二、微生物实验室布局

布局微生物实验室要注意，微生物实验室属于特殊区域，实验室设计时应与理化实验室区分开来并独立划分区域，通常普通微生物检测实验室位于楼房的一整层或一层的盲端。实验区包含更衣、风淋、准备、洁净、培养、灭菌六种功能区域，各房间按洁净区、半污染区、污染区从外向里依次排列，按工作流程依次设为：培养基制备室、无菌室、培养室、鉴定室和废弃物处理洗刷室。实验流程为单向流通，整个流程不可逆，以避免交叉污染。要做到人流物流分开，人与物分别设置专用通道（杜平华，2012）。

（1）办公室。办公区域应与实验区域分开，便于工作人员文字工作和出入控制。外来人员仅在办公区域活动，减少其穿行办公区域的机会，从而有效控制外界对实验环境以及实验室对外界环境的污染。

（2）储藏室。实验区域外面应设简单的储藏室，方便存放物品及档案资料。

（3）走廊和通道。应不妨碍人员和物品通过，走廊里不能摆放设备和杂物。紧急喷淋和洗眼装置可安装于走廊。

（4）门。主入口的门为双扇以便于大型设备的出入，应可自动关闭，应有进入控制措施。实验室各房间的门向外开启，便于紧急情况下人员疏散。门锁要能从内部快速打开。在半污染区和洁净区之间设紧急出口，紧急出口应有标识，发生紧急情况时可以通过安全门迅速撤离。

（5）入口。应有防鼠设计，可设置更换衣物挂帽的衣架或衣柜，房间的入口应有警示和进入限制。缓冲区主要为保障洁净区域的正压，更衣室可与缓冲区共用，更衣室位于风淋进口与准备室相连。最小面积 2 m²。

（6）准备室。用于配置培养基及样品处理，微生物实验流程的最前端，没有明确的洁净度要求。培养基制备室紧邻入口而远离核心实验区。一是为了减少被污染，二是因为它靠近储藏室，方便实验耗材、培养基的搬运。培养基制备室最好有一台进行培养基倾注等无菌操作的超净台。

（7）无菌室。主要从事样品的前处理和样品接种工作，是微生物实验室的核心区域。内设缓冲间，缓冲间的两扇门要错开，避免正对。室内设中央台方便接种操作。在洁净室的墙壁设传递窗作为传送物品的物流通道，实现"人流物流分开"。面积：不宜小于 7 m²。必须安装无灯罩紫外灯，一般每 10 m² 至少安装一盏 30 W 以上的紫外灯，高度应距离桌面约 1.5 m，太高会影响紫外灯的杀菌效果。

（8）培养室和鉴定室。培养室内需放置一至数台培养箱培养微生物，培养室仅进行微生物的培养和计数等不打开培养容器的工作。可疑培养物的转接、再培养及鉴定工作移至鉴定室内完成。鉴定室直接从事致病微生物的操作，必须安装二级生物安全柜，须安装无灯罩紫外灯。如果场地允许，培养室和鉴定室可以合并以方便工作。

（9）灭菌室。放置高压灭菌器用于培养废弃物的处理。

（10）废弃物处理洗刷室。是容易产生异味的房间，设在走廊尽头，可以使气味尽量少地扩散到其他房间，废弃物处理和洗涤室应至少设 2 个水盆，宜有热水供给。如果处理后的液体废弃物需要倒入下水道，则可以在倾倒液体废弃物的水盆上方安装排气罩，加快液体废弃物气味的排放。

（11）淋浴间。在走廊的尽头出口处可设淋浴间。

三、微生物检测人员基本要求

微生物检测人员应接受足够的培训，保障安全和进行正确的操作。

（1）负责检测操作的人员应具有熟练的微生物操作技能和丰富的微生物知识，能参与生化鉴定特性试验。

（2）对显微镜、恒温箱、干热灭菌器、高压灭菌器、电动离心机、水浴锅等仪器设备能正确使用和保养。

（3）能熟练进行无菌操作，进行培养基配制。

（4）能进行细菌涂片和染色，熟练区别球菌、杆菌的基本形态，并能观察识别细菌的芽孢、荚膜、鞭毛特殊形态。

（5）掌握划线、生化鉴定、血清学试验等技能等（杜平华，2012）。

四、微生物实验室管理通用要求

为避免样品和培养基受污染，同时也为避免感染工作人员，在微生物实验室工作，要做到以下几点。

（1）要穿浅色、干净、完好的工作服，为减少起火危险，工作服需是纤维造的。可能的话，设立换衣间。必要时，需要戴工作帽和口罩；工作人员指甲要保持非常干净，修剪齐整，最好剪短。

（2）在进行微生物检测前后以及进卫生间后，要立即用温热水把手洗干净。肥皂用液体或粉状的，必要时，用消毒剂，最好由一套干净的自动分配器喷出。用单张纸或单个手巾擦干手。

（3）在洁净室操作时，要避免说话、咳嗽等。

（4）不要在检测区抽烟、喝酒或吃东西；不要把食物和私人物品放在实验室的冰箱里。

（5）注意安全，易燃品如酒精、乙醚等要远离火源。酒精灯用后立即熄灭，不可把酒精灯斜向另一点燃的酒精灯点火。进行高压蒸汽灭菌时，严格遵守操作规程等（国务院，2008；朱琳，2012）。

五、微生物实验室玻璃器皿洗涤及培养物废弃要求

微生物实验常用的玻璃器皿有试管、烧杯、锥形瓶、移液管、滴管、玻璃涂棒、培养皿、茄瓶或克氏瓶、盖玻片、载玻片等，已用过的带有活菌沾染的玻璃器皿更不能随意堆放，以防杂菌传播污染环境（柳洪洁等，2020）。

新购置的玻璃器皿含有游离碱，一般应先在2%盐酸溶液浸泡数小时后

再用清水洗净；也可在肥皂水或洗涤灵稀释液煮 30～60 min，取出用清水洗净；或先放热水浸泡，用鬃刷沾去污粉或肥皂粉刷洗，然后用热水刷洗，再用清水洗净。洗净后的试管倒置于试管筐内，锥形瓶倒置于洗涤架上，培养皿的皿盖和皿底分开，顺序压着皿边排列倒扣在桌上或洗涤架上或铁丝筐内。上述玻璃器皿晾干或放干燥箱中烘干备用（蔡春燕等，2021）。

常用的锥形瓶、培养皿、试管、烧杯、量筒、玻璃漏斗等器皿，洗涤时可用鬃刷沾上洗涤灵或肥皂粉或去污粉刷洗，然后用自来水冲洗干净，倒放在洗涤架上自然晾干或放 70～80℃干燥箱中烘干备用。移液管及滴管可用水冲洗后，插入 2% 盐酸溶液中浸泡数十分钟，取出后用自来水冲洗，再用蒸馏水冲洗 2～3 次（为使移液管、滴管冲洗洁净，可将一根直径 6～6.7 mm 的橡皮管或塑料管连接在自来水笼头上或连接在蒸馏水瓶上，橡皮管或塑料管的另一端直接套接在移液管或滴管的底端，即安装橡皮头的一端，然后放水冲洗即可）。洗净后的移液管或滴管使顶端（细口端）朝上倒转斜立于一铝制盒内，放入 100℃干燥箱中烘干备用（烘烤温度太低移液管中水分不易蒸发）。

凡加过豆油、花生油、泡敌等消泡剂的锥形瓶或通气培养的大容量培养瓶，在未洗刷前，需尽量除去油腻，可将倒空油的瓶子用 10% 的氢氧化钠（粗制品）浸泡 0.5 h 或放在 5% 苏打液（碳酸氢钠溶液）内煮两次，去掉油污，再用洗涤灵和热水刷洗。吸取过油的滴管，先放在 10% 氢氧化钠溶液中浸泡 0.5 h，去掉油污，再依上法清洗，烘干备用。凡带有凡士林的玻璃干燥器或瓦氏呼吸计侧压管玻璃塞，洗刷前要用酒精或丙酮浸泡过的棉花擦去油污，现在也可用油污清洗剂喷洒于油污垢上，待 2～5 min，用百洁布或干布擦净，再依上法清洗干净。用矿物油封存过的斜面或液体石蜡油加盖的厌氧菌培养管或石油发酵用的锥形瓶，洗刷前要先在水中煮沸或高压蒸汽灭菌，然后浸泡在汽油里使黏附于器壁上的矿物油溶解，汽油倒出后，放置片刻待汽油自然挥发，最后按新购置的玻璃器皿处理方法进行洗刷。

培养过微生物的培养皿、试管、锥形瓶，因含有大量培养的微生物或污染有其他杂菌，应先经 0.1 MPa 高压蒸汽灭菌 20～30 min。灭菌后取出趁热倒出容器内的培养物，较大量的废弃物应埋在土里。若为非致病性微生物的液体废弃物，可倒入下水道；培养致病性微生物的废弃物和有琼脂的废弃物，切勿直接倒入下水道，以免污染水源和堵塞下水道。经过高压蒸汽灭菌的上述玻璃器皿，再用洗涤灵、热水刷洗干净，用自来水冲洗，以水在内壁均匀形成一薄层而不出现水珠为油垢除尽的标准。

经过以上处理的玻璃器皿，可盛一般实验室用的培养基和无菌水等。少数实验（如营养缺陷型菌株筛选、微生物遗传学实验等）对玻璃器皿清洁度要求较高，除用上述方法外，还应先在 2% HCl 溶液中浸泡数十分钟，再用自来水冲洗、蒸馏水淋洗 2~3 次；有的尚需超纯水淋洗，然后烘干备用（韩冰，2005）。

第二节　微生物检测常用操作技术

目前，在国家标准和行业标准中，饲用微生物的检测方法以常规培养为主，掌握基本的操作技能是必不可少的。

一、培养基配制技术

培养基是根据细菌的生长需要人工配制的营养环境，按物理性状可分为液体、半固体和固体培养基；按用途可分为基础培养基、营养培养基、鉴别培养基、选择培养基等；按类别可分为平板培养基、斜面培养基、高层培养基等。基础培养基含有微生物需要的最基本营养成分，可供大多数微生物生长。在基础培养基中加入葡萄糖、酵母浸膏等有机物，可供营养要求较高的细菌生长，就成为营养培养基。选择培养基是利用不同种类细菌对各种化学物质的敏感性不同，制成有利于选择要分离的目标菌而抑制其他细菌生长的培养基。鉴别培养基是细菌生化反应试验借以鉴定细菌之用。选择培养基和鉴别培养基是饲用微生物最常用的培养基（王会娟等，2004）。

配制培养基的主要程序可分为调配、溶化、校正 pH 值、澄清过滤、分装、灭菌及检定等步骤。①在调配时，要注意先在三角烧瓶中加入少量蒸馏水，再加入蛋白胨、琼脂等各种固体成分，以防蛋白胨等黏附于瓶底，然后再以剩余的水冲洗瓶壁。②溶化前最好以流通蒸汽溶化半小时，如在电炉上溶化应随时搅拌，如有琼脂成分时更应注意防止外溢。溶化完毕，应注意补足失去的水分，不可用铜器或铁锅，以免金属离子进入培养基中，影响细菌的生长。矫正 pH 值时可用酸度计或 pH 试纸。③一般细菌培养基须矫正 pH 值至 7.4~7.6，此外亦有需要酸性或碱性的培养基，培养基在高压灭菌后，其 pH 值约降低 0.1~0.2，故矫正时应比实际需要的 pH 值高 0.1~0.2。④澄清过滤。培养基配成后一般都有沉渣或混浊，需过滤澄清使其清晰透明方可使用，液体培养基常用滤纸过滤，固体培养基（琼脂培养基）可在加热融化后需趁热以纱布或两层纱布中夹脱脂棉过滤；亦可采用自然沉淀法，即将琼脂培养基盛入不锈钢锅或广口搪瓷容器内，以高压蒸汽 15 min 熔化后，静置高压锅内过夜，次日将琼脂倾出，用刀将底部沉渣切去，再熔化即得清晰的琼脂培养基。⑤分装。根据需要将培养基分装于不同容量的三角烧瓶、试管等。分装的量不超过容器的 2/3，以免灭菌时外溢。琼脂斜面分装量为试管容量的1/2，灭菌后须趁热放制成斜面，斜面长度约为试管长度的 2/3。半固体斜面分装量为试管长度的 1/3。倒平板时要将灭菌（或已灭菌好加热熔化）后的培养基，冷至 50℃左右，无菌操作倾入灭菌平皿内，轻摇平皿底部，使培养基平铺于平皿底部，待凝固后即成。倾注培养基时，切勿将皿盖全部启开，以免空气中尘埃、细菌、霉菌落入。⑥灭菌。不同成分和性质的培养基，可采用不同的灭菌方法。可根据培养基使用说明分别进行高压蒸汽灭菌、流通蒸汽灭菌、血清凝固器灭菌、滤过除菌等。⑦检定。培养基制成后，需要经过检定后才能使用，检定时将培养基置 37℃温箱内培养 24 h 后，证明无菌，同时用已知菌种检查在此培养基上的生长繁殖及生化反应情况，符合要求者方可使用。⑧保存。培养基制好不能保存过久，每批应注明制作日期（叶磊和杨学敏，2009）。

二、血球计数板计数技术

血球计数板中央有一短横沟和两个平台，是一块特殊的厚玻璃片，玻片上有四条沟和两条嵴，两嵴的表面比两个平台的表面高 0.1 mm，每个平台刻有不同规格的格网，中央 1 mm² 面积上刻有 400 个小方格。

血球计数板的规格有两种：一种是将 1 cm² 面积分为 16 个大格，每个大格再分为 25 个小格（16×25）；另一种是将 1 cm² 面积分为 25 个大格，每大格再分为 16 个小格（25×16）。总共均含 400 个小格。当专用盖玻片放置于两条嵴上，从两个平台侧面加入菌液后，1 mm² 的计数室上就形成了 0.1 mm³ 的体积，对其中的微生物数量进行统计，就可计算出 1 mL 菌液中的菌数。

16×25 规格的计数板，需要按对角线方位，统计左上、左下、右上和右下 4 个大格（共 100 小格）的菌数，计算公式为：

$$细胞数/mL = \frac{100个小格内细胞数}{100} \times 400 \times 10000 \times 菌液稀释倍数$$

对于 25×16 规格的计数板，除统计上述 4 个大格外，还需计数中央一大格（共 80 小格）的菌数，计算公式为：

$$\text{细胞数} /mL = \frac{80\text{个小格内细胞数}}{80} \times 400 \times 10000 \times \text{菌液稀释倍数}$$

血球计数板计数步骤如下：①首先对培养的菌液进行稀释。②将洁净的专用盖玻片放置到血球计数板两条嵴上。③用无菌滴管吸取少许菌液，从盖玻片边缘处滴一小滴菌液，使其自行渗入平台计数室中。

注意：计数室内不得有气泡；两个平台都滴加菌液后，需静置 5 min 左右；计数时先在低倍镜下找到方格网，再转换至高倍镜进行观察、计数；两个大格间线上的菌体只统计其上侧和右侧线上的菌数（张祥强，2007）。

三、分离与纯化技术

分离是从混杂的微生物群体中获得单一菌株纯培养的方法。纯化是指一株菌种或一个培养物中所有的细胞或孢子都是由一个细胞分裂、繁殖而产生的后代。分离与纯化技术是微生物学中重要的技术之一（伍时华等，2004）。

分离与纯化的目的主要为：从自然界复杂的微生物菌群中分离出具有特殊功能的纯种微生物以便于科研和生产；已有的菌株被污染后重新分离；挑选仍保持某些优良性能的菌株或进行复壮；通过分离，筛选出诱变及遗传改造后具有优良性状的突变株或重组菌株。

分离与纯化的步骤包括采样、培养、分离和性能测定四个步骤。①采样。根据所筛选的目标菌的生态及分布状况，在适当的地方进行采样。②培养。根据所筛选菌种的生理特性，加入某些特定物质，使所需的微生物增殖，造成数量上的优势，限制不需要的微生物生长繁殖。对无特殊性能要求的菌，可省略此步。③分离。分离可用 10 倍稀释平板分离法、涂布法、划线分离法、单细胞分离法等。④性能测定。通过特定试验，寻找符合要求的菌种资源（孙雪，2005）。

四、接种技术

微生物常用接种技术包括平板划线法、斜面接种法、倾注接种法、穿刺接种法等（王敬华等，2015）。

平板划线法是分离培养细菌的常用技术，通过划线，使混有多种细菌的培养物分散生长，形成单个菌落，便于分离出单一菌株，进行鉴定。分段划线法与连续划线法是最常用的平板划线接种方法。分段划线法是先用接种环沾取少量菌液涂布于平板培养基表面一角，将接种环置火焰上灭菌，第二段在与第一段相交处划线，待第二段划完时，再如上法再划线，从而获得单个菌落。连续划线法是先将培养物涂于平板表面的一角，然后用接种环自样品涂擦处开始，向左右两侧划开并逐渐向下移动，连续划成若干条分散的线，从而获得单一菌落（唐玉龙，2012）。

斜面接种法是将单一菌落或者斜面挑至斜面培养基上进行纯菌转接，用于保存菌种或识别鉴定。其方法为：首先用无菌接种环挑取菌，再将带有菌的接种环伸入要接的斜面管内，最后从斜面底部向上蜿蜒涂布（刘龙活，1992）。

穿刺接种法。多用于半固体、三糖铁、明胶等培养基的接种，方法是用接种针挑取少量菌体，从培养基表面中央处直刺至管底，然后沿穿刺线将接种针拔出。

倾注接种法。倾注接种法也是饲用微生物检测的常用方法，方法是先将菌液加至无菌平皿中，再倾入已熔化并冷至50℃左右的培养基，立即沿一个方向进行摇匀，凝固后于一定温度下进行培养。

液体接种法多用于单糖发酵试验等，以左手握住含有液体培养基的试管，右手持接种环，拔掉试管棉塞后，用接种针将挑取的菌落或菌液接至液体培养基内（张姣，2018）。

五、染色技术

常用细菌染色法包括单染色法、复染色法、荧光染色法、负染色法等。

单染色法是只用一种染料使细菌均染成同一颜色的方法，如用美蓝或石炭酸复红等。

复染色法也称鉴别染色法，是用两种以上染料染色的方法，可用于显示细菌形态大小和对细菌种类进行鉴定。革兰氏染色法是最常用的复染色法之一，方法是首先用结晶紫或龙胆紫染色液滴于已固定好的菌上着色，然后加碘液作媒染剂，再用酒精脱色，最后用复红或沙黄复染。革兰氏阳性菌在95%酒精中因含黏肽多而导致细胞壁脱水，通透性降低，使在细菌细胞内着色的染料—碘复合物不易透出细胞壁，所以保留了紫色；革兰氏阴性菌含黏肽少，其细胞壁在95%酒精作用下通透性变化不大，酒精容易进入菌体内溶解染料——碘复合物而透出，失去紫色后被复染成为红色（刘春爽等，2015）。

荧光染色法是用金胺、吖啶橙等荧光染料进行染色，染色后在荧光显微镜下检查，可在黑的背景中观察到细菌发出明亮的荧光（曹恒春等，2009）。

负染色法。常用墨汁负染色法配合单染色法检查细菌的荚膜，背景呈现黑色，菌体呈现蓝色，但荚膜不着色，成为一层透明的空圈围绕在菌体周围

（刘支梅，1988）。

六、菌种保藏技术

简易的保藏法通常有斜面转接法、半固体穿刺法、含甘油培养物保藏法、液体石蜡法、沙土管法等（武治昌，2004）。

斜面转接法和半固体穿刺法是利用低温抑制微生物的生长繁殖，从而延长保藏时间。其过程是将菌体转接至斜面或半固体培养基上，生长好以后将培养物放置到4～5℃冰箱中保藏，并定期进行移植（李世贵等，2002）。

含甘油培养物法是在新鲜的液体培养物中加入15%已灭菌的甘油，然后再放置到-20℃或-70℃冰箱中保藏。甘油是作为保护剂，透入细胞后，能大大降低细胞的脱水作用，同时，由于在-20℃或-70℃下细胞代谢水平大大降低，从而可以延长保藏时间。

液体石蜡法是在新鲜的斜面培养物上覆盖一层已灭菌的液体石蜡后，放置到4～5℃冰箱保存。液体石蜡主要作用是使外界空气与培养物隔绝，从而降低了氧气对微生物的供应量。在低温和缺氧的双重作用下，微生物生长被抑制，从而延长保藏时间（张绪利等，2005）。

沙土管保藏法是将斜面培养基生长好的培养物制成孢子悬液后，通过无菌操作，将孢子悬液滴入已灭菌的沙土管中，孢子吸附于沙子上。将沙土管放置到真空干燥器中，抽真空吸干沙土管中水分，然后将干燥器放置到4℃冰箱保存。在干燥、缺氧、缺乏营养、低温等因素的作用下，微生物生长繁殖被抑制，从而延长保藏时间（许丽娟等，2008）。

第三节　饲用微生物采样与样品制备

正确的采样方法对于保证微生物样品具有真实代表性、避免样品污染具有十分重要的作用。采样人员应接受过无菌操作培养培训，并且有采样经验，具有微生物学基本知识；采样过程要按照无菌操作程序，防止人、样品和环境受污染；样品要具有随机性和代表性，能真实反映样品的总体水平；在运输和贮存过程中没有发生损失或改变（赵波和马宗欣，2009）。

一、采样原则

样品的采集应遵循随机性、代表性的原则，能真实反映样品的总体水平。

采样过程应遵循无菌操作程序，防止人、样品和环境受污染。每取完一份样品，应更换新的采样用具或将用过的采样用具迅速消毒后，再取另一份样品，以免交叉污染。从采样至开始检测的全过程中，应采取必要的措施防止样品中固有微生物的数量和生长能力发生变化。

二、采样人员

采样应由接受过无菌操作培训并有饲料微生物采样经验的人员执行。采样人员应意识到采样过程可能涉及的危害和危险。

采样人员进入采样区域，应穿好实验服、戴上无菌手套和口罩等。

每次采样过程应由 2 名及以上专业技术人员同时完成。

三、采样设备

应选择适合产品颗粒大小、采样量、容器大小、产品物理性状和能满足无菌要求等特征的采样设备。

采样设备应在 121℃湿热灭菌 30 min 或在 160℃干热灭菌 2 h。玻璃器具多采用干热灭菌。也可以使用一次性商品化的采样器具。使用前采样工具应保持干燥。每采集一个样品，需要更换一次采样工具，保证采样工具清洁、无菌。

固体产品采样设备包括采样铲、勺子、剪子等，应使用不锈钢、玻璃、塑料或其他强度适当的材料，表面光滑，无缝隙，边角圆润。

液体产品采样设备包括搅拌器、采样瓶、采样管等，应确保在采样过程中样品不漏洒。

四、样品容器

应选择适合产品颗粒大小、采样量、容器大小、产品物理性状和能满足无菌要求等特征的样品容器。容器使用前应保持无菌、干燥。装上样品后，容器能与外界完全隔绝，以免引起污染。

样品容器使用前应在 121℃湿热灭菌 30 min 或在 160℃干热灭菌 2 h。玻璃器具多采用干热灭菌。也可以使用商品化的样品容器。样品容器应为不锈钢、玻璃、塑料或其他强度适当的材料，结构应充分保证样品的原有状态，确保样品特性不变直到检测完成。样品容器应有足够的体积，使样品可在测试前充分混匀。

易氧化、有避光要求的样品应按照产品要求执行。

液体样品容器及盖子应是防水和防脂材料制成的，如玻璃、塑料等，容器应是牢固、防水、防漏、密闭、深色的。

其他用品包括酒精灯、温度计、铝箔、封口膜、记号笔、采样登记表、胶带等。

五、采样方案

采样前应制定采样方案，出于商业、技术和法律目的进行质量控制的样品应实施代表性采样方案，保证样品的代表性；若由于某部分样品质量明显不同、需区别对待的特殊情况，可实施选择性采样方案。样品份数和样品量应根据 GB/T 14699.1—2005 要求执行，或根据检验目的和实际样品的特点确定。每份样品的采样量应满足微生物指标检验的要求，一般固体样品不少于500 g，液体样品不少于 500 mL。

六、采样步骤

（一）通用要求

采样位置应尽可能在洁净区进行，没有洁净条件的应尽可能选用少尘、非生产的区域按照无菌操作程序进行采样。

采样必须遵循无菌操作原则。预先准备好的消毒采样工作和容器必须在采样时方可打开，采样时最好两人操作，一人负责采样，另一人协助打开采样瓶、包装和封口；尽量从未开封的包装内采样。

采样人员首先用 75% 酒精对手进行消毒或使用一次性无菌手套。

检查样品的包装是否完整，确认产品的批号、生产日期、保质期等信息，确保包装无破损且在保质期内。

采样前应确认有疑问的产品，为此应比较产品的数量、重量或体积及容器上的标记和标签以及有关资料。

（二）包装样品的采样

液体饲料产品，独立包装小于或等于 500 mL 的，可随机采取一个完整包装或同一批次多个完整包装。直到检测前不要开封，以防污染。瓶装液体样本采样前，应先用灭菌玻璃棒搅拌均匀，有活塞的用 75% 酒精棉球将采样开口处周围摩擦消毒，然后打开塞，先将内容物倒出一些后，再用灭菌样本采样本，在酒精灯火焰上端高温区封口。桶装或大容器包装的液体样品在采样前摇动或用灭菌棒搅拌液体，尽量使其达到均匀。采样时应先将采样用具浸入液体内略加漂洗，然后搭配洗耳球吸取所需量的样品。容器装样量不得超过其总容量的 3/4，以防止样品泄漏，便于检测前将样品摇匀。

固体饲料产品，独立包装小于或等于 500 g 的，可随机抽取一个完整包装或同一批次多个完整包装，直到检测前不要开封，以防污染；桶装或大包装固体样品，应用灭菌采样器由几个不同部位采取，一起放入一个灭菌容器内，使之有充分的代表性。冷冻样品应保持冷冻状态采样。

（三）散装样品的采样

散装液体样品通过振摇混匀，用灭菌玻璃细管采样，样本取出后，将其装入灭菌样本容器，在酒精灯上用火焰消毒后加盖密封。

可用灭菌小勺或小匙进行采样；如果样品很大，则需用无菌采样器采样；固体粉末样品，应边取边混合；冷冻样品应保持冷冻状态采样。

（四）流动样品的采样

在产品流水线上采样时，根据流动的速度，在一定时间间隔内，应注意同批产品质量的均一性，人工或机械地在流水线的某一截面采样。用固定在贮液桶或流水作业线上的采样容器或者自动采样器采样时，应事先保证容器无菌。

（五）采集样品的标记

采样前或采样后应在装样品的容器或样品袋上立即贴上标签，每件样品必须标记清楚，内容应包含：采样单位和采样人；采样的地点、日期和时间；样品的名称、来源、批号、数量、保存条件；样品的商品代码、批号、追踪代码或被抽检样品交付物的确认。

（六）封样

抽样人员现场规范填写采样记录单，输入采样人、采样地点、样品名称、来源、批号、数量、保存条件、保质期等。信息应完整、准确和清晰，具备溯源性。为保证样品的完整性，可采用自粘胶、特制的纸黏着剂或者石蜡等对样品容器进行封口。

每操作完一个样品的采集与封样，要重新换用无菌手套、无菌包装，采样工具要进行消毒或者换用新的一次性无菌工具。

七、样品的运输与贮存

样品采集封装完成后，采样的样品应与测定所需的信息一起尽快送至检测实验室，最好在 24 h 内对样品进行检测。在运输、贮存的过程中，温度、阳光等条件应符合产品规定的要求，在接近原有贮存温度条件下贮存样品，或采取必要措施（如冷藏样品在容器中加冰袋并保证在运输过程中不升温等）防止样品中微生物数量的变化，保证样品不被污染，不发生腐败变质，不影响产品的特性。

八、采样报告

采样后，采样人应尽快完成报告。采样报告应包含实验室样品标签所需要的信息、被采样人的姓名和地址、产品来源、产品的重量或体积以及在采样过程、运输过程中可能涉及的微生物变化的信息等。

九、样品制备

取样前，应对样品包装开口区进行消毒。称样量及相应的样品稀释液等需按照检测方法执行。

固体样品制备。无菌操作称取适量样品，置于盛有检测方法中规定的稀释液、培养液等的无菌均质杯或合适容器内，利用均质器 8000～10000 r/min 均质 1～2 min，或置于盛有检测方法中规定的稀释液、培养液等的无菌均质袋中，用拍击式均质器拍打 1～2 min。

液体样品制备。液态样品通过振荡进行混匀。

第四节　枯草芽孢杆菌

枯草芽孢杆菌（*Bacillus subtilis*）是常用的饲用微生物之一。可用于调节肠道菌群，维持微生态平衡。能抑制动物消化道中的大肠杆菌、沙门菌和促进乳酸杆菌生长的作用。

一、菌种特性

枯草芽孢杆菌形状成杆状，大小通常为（0.7～0.8）μm×（2.0～3.0）μm。能运动，革兰氏染色呈阳性，鞭毛侧生，芽孢呈圆柱状或椭圆形，中生或偏生，游离的孢子表面着色弱。琼脂培养基上的菌落呈圆或不规则形，表面色暗，变厚和不透明，可起皱，可呈奶油色或褐色，菌落的形状随培养基成分不同而有很大变化（Zhang 等，2021）。当琼脂培养基表面潮湿时，菌落易于扩散。在琼脂培养基上生长的菌苔在液体中不易扩散。在培养液中生成色暗、皱褶、完整的膜，培养液轻度混浊或不混浊。有氧时生长旺盛，在含有葡萄糖的复杂培养基中可进行厌氧代谢，但其生长和发育都较弱。生长温度最高为 45～55℃，最适为 37℃（Spears 等，2021）。接触酶阳性，能发生 V-P（Voges-Proskauer reaction）反应，7% 氯化钠和 pH 值 7.5 可生长。能利用葡萄糖、阿拉伯糖、木糖和甘露醇产酸，能水解淀粉（Choi 等，2021）。可利用柠檬酸盐作为碳源，能还原硝酸盐成亚硝酸盐，可分解酪素，不能利用丙酸盐分解酪氨酸，在 55℃生长的菌株不被 0.02% 的叠氮化合物抑制。

二、作用机理

（一）对有害菌产生拮抗作用

枯草芽孢杆菌能分泌活性抗菌物质及挥发性代谢产物如多肽类物质枯草菌素等、与有害菌竞争消化道上皮的附着位点、与有害菌竞争营养物质等机制，对某些有害菌也有抑制或杀灭作用，从而有利于建立消化道正常的微生物区系（Zhang 等，2020）。

（二）调节、提高动物免疫功能

枯草芽孢杆菌能够刺激动物免疫器官的生长发育，激活淋巴细胞，提高免疫球蛋白和抗体水平，通过淋巴循环活化全身的免疫防御系统，提高动物的免疫功能和抗病能力。同时缓解厌食、生长缓慢等应激反应（Won 等，2020）。

（三）分泌大量细胞外酶

枯草芽孢杆菌能分泌多种酶，如蛋白酶、纤维素酶、淀粉酶、脂肪酶、果胶酶、β-葡聚糖酶、脂肪酶及卵磷脂酶等，降解饲料中复杂有机物，促进消化和吸收，提高饲料转化率和氮的利用率，减少氨和吲哚类化合物的生成（Su 等，2020）。

（四）产生维生素等多种营养物质

枯草芽孢杆菌在动物肠道内生长繁殖过程中，能产生促生长因子、维生素和多肽类抗菌物质等，可以提高动物对钙、磷的利用率，参与机体新陈代谢。减少粪便中氮、氨等的排泄量，减少有害气体的排放，降低圈舍内氨气、吲哚等有害气体浓度，减少动物污物臭味，从而改善养殖环境（Xie 等，2020）。

（五）产生有机酸抑制病原微生物生长

枯草芽孢杆菌在生长过程中能分泌丙酸、丁酸等有机酸，降低肠道环境酸度，从而促进有益厌氧菌如乳酸菌、双歧杆菌等生长，同时抑制沙门菌、金黄色葡萄球菌等病原微生物的生长繁殖，增加肠道内有益微生物的数量，调节肠道微生物区系的平衡（Park 等，2020）。

三、分析方法

（一）培养基

BPY 琼脂：蛋白胨 10.0 g，牛肉浸粉 5.0 g，氯化钠 5.0 g，酵母浸粉 5.0 g，葡萄糖 5.0 g，琼脂 12.0 g，pH 值 7.0。

用法：加热溶解于 1000 mL 蒸馏水中，分装，121℃高压灭菌 15 min，备用。

（二）试验步骤

（1）称取 10 g（精确至 0.01 g）样品，加入带玻璃珠的盛有 90 mL 无菌水的三角瓶中，置 80℃水浴 30 min，然后在旋转式摇床上 200 r/min 充分振荡 30 min。

（2）用 1 mL 灭菌吸管吸取 1∶10 稀释液 1 mL，沿管壁徐徐注入含有 9 mL 无菌水的试管内（注意吸管尖端不要触及管内稀释液）。

（3）另取 1 mL 灭菌吸管，按上述操作顺序，作 10 倍递增稀释，如此每递增一次，即换用 1 支 1 mL 灭菌吸管。

（4）将熔化后冷凉至 45～50℃的培养基倒入培养皿中制成平板。选择 2～3 个以上适宜稀释度，分别在作 10 倍递增稀释的同时，即以吸取该稀释度的吸管移 1 mL 稀释液于灭菌平皿内，每个稀释度作 2 个平皿。凝固后翻转培养皿 37℃培养 48 h。

（5）菌落鉴别及计数。根据被检菌种的菌落特征将其与杂菌区别开。进行革兰氏染色或芽孢染色，在显微镜下观察。必要时要进行生化鉴定。取菌落数在 30～300 的平板计数。

（6）生物学鉴定。从平皿中挑出 5 个菌落进行鉴定。枯草芽孢杆菌为革兰氏阳性、两端钝圆的粗短杆菌，（2～8）μm×（0.7～1.0）μm，单个或短链，有动力，无荚膜，卵圆形芽孢近菌体一端，大于菌体宽度。在普通琼脂平板上极易生长，菌落不整齐、灰色、表面粗糙、干燥有皱纹，边缘不呈卷发状。在液体培养基表面形成较厚的具皱纹的菌膜。可分解甘露醇、阿拉伯糖及木糖，产酸不产气。不产生卵磷脂酶。

（7）结果计算。菌落计数后，随机挑取 5 个菌落进行鉴定，根据证实为枯草芽孢杆菌的菌落数计算出该皿内的此菌数，然后乘以其稀释倍数即得每毫升样品中此菌数。如含有枯草芽孢杆菌的试料中 10^{-6} 稀释液在琼脂平板上，生成的枯草芽孢杆菌可疑菌落为 100 个，取 5 个鉴定，证实为枯草芽孢杆菌的是 4 个，则 1 g 试料中含枯草芽孢杆菌菌数为：$100 \times \dfrac{4}{5} \times 10^6 = 8.0 \times 10^7$。

公式为：

$$A = B \times \frac{C}{5} \times f$$

式中，A——测定的枯草芽孢杆菌菌落数，单位为 CFU/g 或 CFU/mL；

　　　B——枯草芽孢杆菌的可疑菌落总数；

　　　C——5 个鉴定的菌落中确认为枯草芽孢杆菌的菌落数；

　　　f——稀释倍数。

第五节　地衣芽孢杆菌

一、菌种特性

地衣芽孢杆菌（*Bacillus licheniformis*）是一种革兰氏阳性嗜热细菌，兼性厌氧菌，大小一般为（0.6～0.8）mm×（1.5～3.0）mm，细胞形态和排列呈杆状、单生，孢囊不膨大，无伴孢晶体，接触酶阳性，V-P 反应阳性，中生卵圆型芽孢，周围鞭毛，无荚膜。菌落为白色的扁平菌落，边缘不整齐（Muras 等，2021）。

二、作用机理

地衣芽孢杆菌生产成本低，功能性强，在养殖业中已被广泛应用。它对葡萄球菌、酵母菌等致病菌有拮抗作用，而对双歧杆菌、乳酸杆菌、拟杆菌、消化链球菌有促进生长作用，从而可调整菌群失调。

（一）对致病微生物产生拮抗作用，调节和维持微生态平衡

通常情况下，肠道内有益菌和致病菌保持一定比例，当条件发生变化导

致平衡失调时，沙门菌、产气芽膜梭菌等致病菌往往会大量繁殖，导致动物体患病。当需氧型益生菌进入消化道后，生长繁殖消耗肠道内的大量氧气，通过"生物夺氧"使需氧型致病菌数量大幅度下降，因而起到防止动物患病的作用。地衣芽孢杆菌能特异性地增殖某些好氧菌，它们在繁殖过程中消耗肠道内的氧气，造成局部厌氧环境，促进有益厌氧菌的生长，同时抑制需氧和兼性厌氧病原菌的生长，从而把失调菌群恢复到正常状态（Lin 和 Yu，2020）。

（二）产生有益的代谢产物

地衣芽孢杆菌在动物消化道内可产生水解酶、发酵酶和呼吸酶等多种消化酶，具有较强的蛋白酶、淀粉酶活性，还能降解木聚糖、羧甲基纤维素、果胶、地衣聚糖、多聚半乳糖醛酸以及其他一些复杂的植物性碳水化合物，有利于降解饲料中蛋白质、脂肪和复杂的碳水化合物，促进动物的消化吸收，从而提高饲料转化率（Ahmad 和 Mishra，2020）。

（三）生物夺氧

地衣芽孢杆菌在生长过程中需要消耗大量氧气，降低肠道内氧气浓度和氧化还原电势，适宜双歧杆菌等厌氧菌的生长，从而提高动物抗病能力，减少胃肠疾病的发生（Medina 等，2019）。

（四）增强动物免疫力

仔猪肠道感染时，肠道的正常微生物调动肠壁固有层的免疫细胞通过免疫反应形成机体的第二道防线。地衣芽孢杆菌可刺激动物免疫器官发育，提高动物抗体水平或巨噬细胞活性，增强机体免疫功能。潘康成等（1996）认为，地衣芽孢杆菌的免疫促进作用是在肠道淋巴组织集合的抗原结合位点上直接作为免疫佐剂，或者通过调整宿主体内的微生物群，尤其是双歧杆菌群起主导，间接地发挥免疫佐剂的作用，提高机体局部或全身防御功能（Fernandes 等，2021）。

三、分析方法

（一）培养基

BPY 琼脂：蛋白胨 10.0 g，牛肉浸粉 5.0 g，氯化钠 5.0 g，酵母浸粉 5.0 g，葡萄糖 5.0 g，琼脂 12.0 g，pH 值 7.0。

用法：加热溶解于 1000 mL 蒸馏水中，分装，121 ℃高压灭菌 15 min，备用。

稀释液：营养肉汤或生理盐水。

（二）试验步骤

（1）按无菌操作要求，称样品 10 g，加入装有 100 mL 稀释液（营养肉汤或生理盐水）和适量玻璃珠的三角瓶内，振摇 20 min，做 10 倍递增稀释至 10^{-7}，量取 10^{-5}、10^{-6}、10^{-7} 三个稀释度。

（2）吸菌悬液 1 mL 置平皿上，加入 48～50℃的 BPY 琼脂培养基 15 mL，摇匀后放冷，倒置 37℃培养 18～24 h，（每个稀释度做 2 个平皿），取出平皿计菌落数，平皿可见的菌落数应在 10～100 个为宜，若小于 10 个或大于 100 个，都应调整稀释度重新测定。

（3）确认。地衣芽孢杆菌为在上述平板培养基上，菌落呈灰白色、边缘不整齐的扁平菌落。显微镜下见杆菌（0.9～1.2）μm×（2.2～3.8）μm，中生卵圆型芽孢，周围鞭毛，无荚膜。取上述平板培养基上菌株，用革兰氏液染色，此菌呈紫色阳性菌。

（4）结果计算。菌落计数后，随机挑取 5 个菌落进行鉴定，根据证实为地衣芽孢杆菌菌落数计算出该皿内的此菌数，然后乘其稀释倍数即得每毫升样品中此菌数。

公式为：

$$A = B \times \frac{C}{5} \times f$$

式中，A——测定的地衣芽孢杆菌菌落数，单位为 CFU/g 或 CFU/mL；

B——地衣芽孢杆菌的可疑菌落总数；

C——5 个鉴定的菌落中确认为地衣芽孢杆菌的菌落数；

f——稀释倍数。

第六节　乳酸菌

乳酸细菌是一类能利用发酵糖产生大量乳酸的细菌通称。乳酸细菌主要包括23个属，通常在饲料中用作有益微生物的菌种有干酪乳杆菌（*Lactobacillus casei*）、植物乳杆菌（*Lactobacillus plantarum*）、嗜酸乳杆菌（*Lactobacillus acidophilus*）、粪肠球菌（*Enterococcus faecalis*）、乳酸片球菌

（*Pediococcus acidilactici*）、两歧双歧杆菌（*Bifidobacterium bifidum*）、屎肠球菌（*Enterococcus faecium*）、乳酸乳杆菌（*Lactococcus lactis*）、戊糖片球菌（*Pediococcus pentosaceus*）等（王丽丽，2016）。

一、菌种特性

嗜酸乳杆菌属于乳杆菌属（*Lactobacillus*）的一个种，菌体形状为杆菌，两端圆，不运动，无鞭毛，接触酶阴性，和苦杏仁苷、纤维二糖、七叶灵、果糖、半乳糖、葡萄糖、乳糖、麦芽糖、甘露糖、水杨苷、蔗糖反应为阴性，和阿拉伯糖、葡糖酸盐、甘露醇、松三糖、鼠李糖、核糖、山梨糖、木糖反应为阴性。由于嗜酸乳杆菌在生长中可以产生一些抑菌物质，如有机酸、细菌素及类细菌素，可以抑制肠道中有害微生物生长繁殖，起到平衡肠道菌群的作用。并能产生 B 族维生素，包括各种叶酸、生物素、维生素 B_6 和维生素 K 等，分泌各种有益物质，如乳酸、乙酸等，降低肠道 pH 值（Lee 等，2021）。粪肠球菌主要存在于人类或动物肠道，是人类和动物肠道的正常菌群等。粪肠球菌为革兰氏阳性，圆形或椭圆形，能在胆汁七叶苷琼脂上生长，不产生色素。乳酸片球菌细胞呈球状，直径 0.6～1.0 μm，在直角两个平面交替形成四联状，一般细胞成对生，单生者罕见，不成链状排列。革兰氏阳性，兼性厌氧，不运动。在 MRS 培养基上菌落小，呈白色。沿洋菜穿刺线的生长物呈丝状，接触酶阴性，不产细胞色素，在不加啤酒花的麦芽汁中生长，能利用半乳糖、阿拉伯糖、木糖和海藻糖产酸，不分解蛋白质，不产吲哚，不水解马尿酸盐。某些菌株能利用蔗糖和乳糖产微量的酸。不能利用麦芽糖、甘露醇、糊精等产酸，能产丁二酮（He 等，2021）。

二、作用机理

乳酸菌类微生物饲料添加剂可调节肠道菌群，建立正常的微生态，帮助动物消化各种营养物质，合成各种维生素、蛋白质，增强机体免疫力，促进畜禽健康生长（Neveling 和 Dicks，2021）。

（一）乳酸菌类微生物饲料添加剂可维持正常肠道菌群

乳酸菌是动物消化道中的有益菌，能产生大量厌氧乳酸等有机酸物质，显著降低抗菌环境中的氧化酶和还原分子电位，使肠道和胃中的微生物处于一种酸性环境，并且乳酸菌可以产生一些特殊的酶，加速乳酸菌的生长，有效抑制病原微生物菌群的繁殖，从而调节动物肠道内的菌群环境，保持动物胃肠道内菌群结构的平衡（Satora 等，2020）。

（二）乳酸菌类微生物饲料添加剂可提高免疫力

乳酸菌细胞能紧密结合在宿主肠道的黏膜细胞表面并定植细胞占位，成为畜禽生理免疫屏障的重要组成部分。乳酸菌能影响机体的特异性免疫和非特异性免疫，当有异物侵入动物机体时，乳酸菌能刺激腹膜巨噬细胞等免疫细胞对异物进行抵抗，能增强血清中的 IgA、IgM，以此增强体液免疫，促进 B 细胞、T 细胞增殖分化，增强细胞免疫（de Vos 等，2022）。

（三）乳酸菌类微生物饲料添加剂可促进消化吸收

乳酸菌代谢产生的有机酸能促进肠胃蠕动，扩大肠黏膜与食物接触的面积，有利于消化吸收。乳酸菌能有效分解饲料中的蛋白质、糖类、合成维生素，蛋白质被部分分解为小分子肽和游离的氨基酸，乳糖被分解为葡萄糖和半乳糖，通过消耗少量维生素合成 B 族维生素（Guo 等，2022）。

（四）乳酸菌类微生物饲料添加剂可缓解霉菌毒素引起的肝脏毒性

王方圆（2020）选用乳酸菌 JM113 菌株，通过抗氧化、影响肝脏细胞自噬和凋亡基因的表达，研究乳酸菌缓解采食呕吐毒素引起的肉鸡肝脏毒性问题。结果表明：乳酸菌可能通过影响氧化应激、细胞凋亡及细胞自噬等通路上基因的表达，在一定程度上缓解呕吐毒素引起的肝脏毒性。

三、分析方法

乳杆菌常用 MRS 琼脂作半选择培养基。APT 培养基通常用于分离绿色乳杆菌和其他乳杆菌及肉食杆菌。当乳杆菌仅是复杂区系中的部分菌类时，SL 培养基常作为选择性培养基。对于芽孢乳杆菌常用 GYP 培养基，链球菌有 TYC 培养基、MS 培养基，还有利用磺胺二甲噁唑、制大肠菌素和结晶紫等作为选择因子。M17 培养基被用作乳球菌的分离培养基。此外还有如溴甲酚紫培养基、CHALMERS 培养基等也常用于乳酸菌的分离。

（一）培养基

改良 TJA 培养基（改良番茄汁琼脂培养基）：番茄汁 50 mL，酵母抽提液 5 g，牛肉膏 10 g，乳糖 20 g，葡萄糖 2 g，磷酸氢二钾 2 g，吐温-80 1 g，乙酸钠 5 g，琼脂 15 g，蒸馏水加至 1000 mL。

改良 MC 培养基（Modified Chalmers 培养基，大豆蛋白胨 5.0 g，牛肉浸膏 5.0 g，酵母粉 5.0 g，葡萄糖 20.0 g，乳糖 20.0 g，碳酸钙 10.0 g，琼脂 15.0 g，

中性红 0.05 g，pH 值 6.0±0.1。

0.1% 美蓝牛乳培养基，6.5% 氯化钠肉汤，pH 值 6.0，葡萄糖肉汤，40% 胆汁肉汤，淀粉水解培养基，精氨酸水解培养基，乳酸杆菌糖发酵管，七叶苷培养基，革兰氏染色液，3% 过氧化氢溶液，蛋白胨水、靛基质试剂，明胶培养基，硝酸盐培养基、硝酸盐试剂，生理盐水。

（二）试验步骤

（1）以无菌操作将经过充分摇匀的试料 25 mL（或 25 g）放入含有 225 mL 灭菌生理盐水的灭菌广口瓶内作为 1∶10 的均匀稀释液。

（2）用 1 mL 灭菌吸管吸取 1∶10 稀释液 1 mL，沿管壁徐徐注入含有 9 mL 无菌生理盐水的试管内（吸管尖端不要触及稀释液）。

（3）另取 1 mL 灭菌吸管，按上述操作顺序，作 10 倍递增稀释，如此每递增一次，即换用 1 支 1 mL 灭菌吸管。

（4）选择 2～3 个适宜稀释度，分别在作 10 倍递增稀释的同时，即以吸取该稀释度的吸管移 1 mL 稀释液于灭菌平皿内，每个稀释度作 2 个平皿。

（5）稀释液移入平皿后，应及时将冷至 50℃的乳酸菌计数培养基注入平皿约 15 mL，并转动平皿使混合均匀。同时将乳酸菌计数培养基倾入加有 1 mL 稀释液试料用的灭菌生理盐水的灭菌平皿内作空白对照，以上整个操作自培养物加入培养皿开始至接种结束须在 20 min 内完成。

（6）待平板凝固后，翻转倒置，于（36±1）℃恒温培养箱内培养（72±1）h 取出，观察乳酸菌菌落特征，选取菌落数在 30～300 个的平板进行计数。

（7）乳酸菌在琼脂培养基上菌落生长形态特征见表 2-1。

表 2-1　乳酸菌菌落特征

	改良 TJA	改良 MC
杆菌	平皿底为黄色，菌落中等大小，微白色，湿润，边缘不整齐，直径（3±1）mm，如棉絮团状菌落	平皿底为粉红色，菌落较小，圆形，红色，边缘似星状，直径（2±1）mm，可有淡淡的晕
球菌	平皿底为黄色，菌落光滑，湿润，微白色，边缘整齐	平板底为粉红色，菌落较小，圆形，红色，边缘整齐，可有淡淡的晕

注：干酪乳杆菌在改良 TJA 培养基上为圆形光滑，边缘整齐，侧面呈菱形状。

（8）乳酸菌的鉴定。进行革兰氏染色，显微镜检查，并做过氧化氢酶试验。革兰氏阳性，过氧化氢酶阴性，无芽孢的球菌或杆菌可定为乳酸菌。对上述分离到的乳酸菌需进行菌种鉴定，则做以下试验。

菌种制备：自平板上挑取菌落，接种于改良 TJA 或改良 MC 琼脂斜面，于（36±1）℃，24～48 h 培养，刮取菌苔，分别进行下列试验。

乳酸杆菌鉴定试验：极少见还原硝酸盐，不液化明胶，不产生靛基质和硫化氢。

几种乳杆菌属内种的碳水化合物反应见表 2-2。

肠球菌的鉴别试验见表 2-3。

链球菌属与片球菌属容易混淆，其鉴别可见表 2-4。

表 2-2　常见乳杆菌属内种的碳水化合物反应

菌种	七叶苷	纤维二糖	麦芽糖	甘露醇	水杨苷	山梨醇	棉籽糖	蔗糖
干酪乳杆菌	+	+	d	+	+	+	-	d
嗜酸乳杆菌	+	+	+	-	+	-	d	+
植物乳杆菌	+	+	+	+	+	+	+	+

注：+，阳性；-，阴性；d，有些菌株阳性，有些菌株阴性。

表 2-3　肠球菌的鉴别

菌种	生长试验						加热 60℃ 30 min	水解淀粉	水解精氨酸
	10℃	45℃	0.1% 美兰牛乳	6.5% 氯化钠	40% 胆汁	pH 值 9.6			
乳肠球菌	+	-	+	-	+	-	d	-	+
屎肠球菌	+	+	-	+	+	d	d	d	+
粪肠球菌	+	+	-	+	+	+	+	+	+

注：+，阳性；-，阴性；d，有些菌株阳性，有些菌株阴性。

表 2-4　链球属与片球菌属的鉴别特征

生理特性	链球菌属	片球菌属
细胞形态	球或卵圆形	球形
排列	成对，链	四联，成对
接触酶	-	d
厌氧条件下生长良好	+	+
从葡萄糖产气	-	-
抗万古霉素	-	+

（9）结果计算。菌落计数后，随机挑取 5 个菌落进行鉴定。根据证实为乳酸菌菌落计算出该皿内的乳酸菌数，然后乘其稀释倍数即得每毫升样品中乳酸菌数。菌落计数后，随机挑取 5 个菌落进行鉴定，根据证实为某乳酸菌菌落计算出该皿内的此乳酸菌数，然后乘其稀释倍数即得每毫升样品中此乳酸菌数。

公式为：

$$A = B \times \frac{C}{5} \times f$$

式中，A——测定的乳酸菌菌落数，单位为 CFU/g 或 CFU/mL；

B——乳酸菌的可疑菌落总数；

C——5 个鉴定的菌落中确认为乳酸菌的菌落数；

f——稀释倍数。

第七节　酿酒酵母

酿酒酵母（*Saccharomyces cerevisiae*）可改善胃肠内的菌群比例，促进有益菌的生长与繁殖，排斥病原菌在肠黏膜表面的吸附定植，防止毒素和废物的吸收（Hoque 等，2021）。酵母细胞壁富含蛋白质和 B 族维生素，可作直接营养，提供动物多种营养成分，且富含甘露寡糖。因此，增加胃肠对铁、锌、镁、钙等元素的吸收利用，提高饲料利用率，可以增强动物的免疫力，提高动物血液免疫球蛋白水平（Mombach 等，2021）。

一、菌种特性

酿酒酵母细胞呈圆形、卵圆形或洋梨形。在幼年菌落中，细胞为（4~14）μm×（3~7）μm，长和宽的比率是（1~2）:1。在麦芽汁中，沉淀表面形成环状膜。子囊孢子圆形、平滑。能利用葡萄糖、果糖、甘露糖、半乳糖、蔗糖、麦芽糖发酵，部分利用棉籽糖发酵。不能利用硝酸盐。

二、作用机理

（一）保持动物胃肠道微生态平衡

酿酒酵母在动物体内生长繁殖，能消耗胃肠道内的氧气造成厌氧环境，并代谢产生乳酸等有机酸，从而有利于乳酸菌等有益菌的生长，抑制沙门菌等致病微生物的生长，因此可改善胃肠道环境和菌群结构，促进胃肠对营养物质的消化、吸收和利用（王鹏银等，2011）。

（二）增强动物免疫功能

酵母微量元素、酵母多糖、功能性多肽、核苷酸等均有提高动物免疫水平的作用。破壁酵母粉中富含葡聚糖等功能性多糖，β-葡聚糖能刺激动物体产生对机体免疫功能起关键作用的巨噬细胞，可清除体内损伤、衰亡的细胞和侵入体内的病原微生物。甘露聚糖通过提高免疫球蛋白水平，改善巨噬细胞活性等提高机体免疫力（Attia等，2022）。核苷酸在维持机体正常免疫功能、肠道发育和正常肝脏功能方面具有重要营养生理功能。酵母硒和酵母铬可提高免疫球蛋白含量，减少发病率。超氧化物歧化酶（SOD）、谷胱甘肽都是重要的抗氧化剂和自由基消除剂。酵母菌体内的超氧化物歧化酶（SOD）可对抗与阻断氧自由基对细胞造成的损害，并及时修复受损细胞（Yang等，2011）。谷胱甘肽在酵母细胞内含量较高，可消除自由基，起到强有力的保护作用。谷胱甘肽还具有中和解毒作用，能与体内的有毒化合物、重金属离子或致癌物质等相结合，并促进其排出体外，起到中和解毒作用。酵母中的有机硒作为动物体内重要的抗氧化剂，可阻止多不饱和脂肪酸的氧化，改善肉的品质。酵母细胞壁多糖成分 β-葡聚糖作为膳食纤维有助于胃肠的蠕动，可促进肠内有害物的排出，甘露寡糖（MOS）可以螯合胃肠道释放的黄曲霉毒素和玉米赤霉烯酮（Xie等，2020）。

（三）酵母铬、酵母硒等可改善动物的生长和繁殖性能

硒对于精子的形成和发育具有特异的作用，硒是精子线粒体外膜硒蛋白的成分之一，可以保护精子细胞膜免遭损害，通过放射性自显影技术发现硒进入精子并集中于精子中段，与精子中段的角质结构有关；缺硒会损害子宫平滑肌的生理机能，导致胎衣不下和受精率降低。铬能使母猪排卵增加，因而提高母猪的繁殖性能。有机硒也能提高母猪的繁殖性能，并降低死胎率（Rinttila等，2020）。

（四）酶的作用

酵母菌代谢能产生多种酶，降解饲料中的抗营养因子，降低肠道内食糜黏度，促进胃肠对营养物质的消化、吸收和利用，提高饲料利用率。

（五）营养作用

酵母细胞富含畜禽生长需要的多种营养物质，如蛋白质、脂肪、碳水化合物、矿物质、维生素和激素等。蛋白质含量达到 45%～60%，可以和大豆蛋白相媲美；氨基酸组成合理，动物必需的 8 种氨基酸含量均很高，尤其是赖氨酸、色氨酸、苏氨酸、异亮氨酸等几种重要的必需氨基酸含量较高，因此对赖氨酸含量较低的谷物是非常有效的补充物；富含 B 族维生素如烟酸、胆碱、核黄素、泛酸、叶酸等，一直被认为是天然 B 族维生素的丰富来源，维生素 B_2 以结合形式存在，动物体对其吸收率可达 60% 以上，是一种理想的维生素 B_2 补充源；含有丰富的矿物质（6%～9%），如钾、镁、磷、铁、锌、锰等；以及含核酸（6%～8%）、生理活性物质（1%～2%）等，为动物提供多种营养成分。此外，酵母培养物中含有未知生长因子，具有促生长作用（Elghandour 等，2020）。

三、分析方法

（一）培养基

麦芽汁琼脂培养基：麦芽膏粉 30 g，氯霉素 0.1 g，琼脂 15.0 g，pH 值 5.6±0.2。

（二）试验步骤

（1）以无菌操作将充分摇匀的试料 25 g（mL）放入含有 225 mL 无菌盐水的灭菌三角瓶内作成 1∶10 的稀释液。

（2）用无菌吸管吸取 1∶10 稀释液 1 mL，沿管壁徐徐注入含有 9 mL 无菌水的试管内。

（3）另取 1 mL 无菌吸管，按上述操作顺序，作 10 倍递增稀释，如此每递增一次，即换用 1 支 1 mL 无菌吸管。如此反复进行系列稀释，直至所需浓度。

（4）取适宜稀释度的溶液滴加至灭菌平皿上，每个稀释度 2 个平皿。

（5）取 100 mL 液化的麦芽汁培养基（45～50℃）。每个培养皿中倾注 10～12 mL，先向一个方向摇动，然后再向另一个方向摇动，使之充分混合均匀。注意避免培养基溅至平皿外或盖子内侧。静置，待固化。翻转培养皿 28℃培养 72 h。

（6）计数。对有效平皿进行菌落计数（取菌落数在 30～300 个的平板）。

（7）鉴定。酿酒酵母的生物学特性：酿酒酵母菌在麦芽汁琼脂培养基上培养，菌落形态与细菌相似，但比细菌大而厚，不透明，表面光滑，湿润黏稠，呈乳白色，形成假菌丝。菌体为单细胞，形状有圆形、椭圆形等，大小不一。

（8）结果计算

$$酿酒酵母菌（CFU/g）＝平皿上菌落平均数 × 稀释倍数$$

第八节　产朊假丝酵母

产朊假丝酵母（*Candida utilis*）可调节动物肠道微生态平衡，提高饲料消化率，增强动物机体免疫力。此外，由于产朊假丝酵母细胞富含 B 族维生素和蛋白质，还能提供动物所需的部分营养物质。产朊假丝酵母继承了酵母菌的优良特性，应用到畜牧业中，不仅可以节约成本、减少疾病发生，还可以提高经济效益，有利于获得高品质的食用产品和畜牧产品（Sousa-Silva 等，2021）。

一、菌种特性

产朊假丝酵母菌属于假丝酵母属，其细胞为圆形、卵形或长形，多边芽殖，有些种属具有发酵能力，有些种属能氧化碳氢化合物，用以生产单细胞蛋白，供食用或作饲料，但少数菌能致病。大小为（3.5～4.5）μm ×（7～13）μm。麦芽汁培养基上的菌落为乳白色，平滑，有光泽或无光泽，边缘整齐或呈菌丝状。在加盖片的玉米粉琼脂培养基上，仅能生成一些原始的假菌丝或不发达的假菌丝，或无菌丝。适宜生长温度为 25～28℃。一般 0℃下停止生长，但并未死亡。能利用尿素、硝酸盐为氮源，五碳糖和六碳糖为碳源，发酵葡萄糖、蔗糖、1/3 棉籽糖，不发酵半乳糖、麦芽糖和乳糖。能利用葡萄糖、蔗糖和麦芽糖，不能利用半乳糖和乳糖（Sousa-Silva 等，2021）。

二、作用机理

调节动物肠道微生物态平衡，提高饲料消化率，增强动物机体免疫力。此外，产朊假丝酵母细胞富含 B 族维生素和蛋白质，能为动物提供部分营养物质。

（一）含有丰富的营养物质

产朊假丝酵母的菌体蛋白质约占菌体干物质的 32%～75%，其含量因菌种、培养条件不同而差异较大。在菌体细胞中含有核糖核酸 4.5%～8.5% 和 B 族维生素约 2% 和多种矿物质。产朊假丝酵母菌体中所含有的脂类主要是类脂、磷脂、固醇等脂溶性化合物，固醇类主要是麦角固醇，其经紫外线照射能转变为维生素 D_2，是生产天然维生素 D 的主要来源（Kieliszek 等，2017）。

（二）酶的作用

产朊假丝酵母菌本身还含有丰富的酶类，如单胃蛋白酶、淀粉酶、纤维素酶及植酸酶等，这些酶类可以将淀粉、纤维素水解成小分子糖、氨基酸、醇类等易被消化和吸收的低分子物质（Rodenhouse 等，2022）。

（三）免疫促进剂的作用

产朊假丝酵母的细胞壁约占整体重量的 20%，成分主要有内壁的 β - 葡聚糖 57%、外壁的甘露寡糖 6.6% 和糖蛋白 22%，此外还有几丁质、蛋白质、脂类和灰分等。甘露糖和 β - 葡聚糖具有免疫促进剂的功能，能够激发或增强机体免疫功能（Suda 和 Matsuda，2022）。

三、分析方法

（一）培养基

麦芽汁琼脂培养基：麦芽膏粉 30 g，氯霉素 0.1 g，琼脂 15.0 g，pH 值 5.6 ± 0.2。

（二）试验步骤

（1）以无菌操作将经过充分摇匀的试料 25 mL（或 25 g）放入含有 225 mL 无菌盐水的灭菌三角瓶内作成 1∶10 的均匀稀释液。

（2）用 1 mL 灭菌吸管吸取 1∶10 稀释液 1 mL，沿管壁徐徐注入含有 9 mL 无菌水的试管内。

（3）另取 1 mL 灭菌吸管，按上述操作顺序，作 10 倍递增稀释，如此每递增一次，即换用 1 支 1 mL 灭菌吸管。如此反复进行系列稀释，直至所需浓度。

（4）适宜稀释度的溶液滴加至灭菌平皿上，每个稀释度 2 个平皿。

（5）取 100 mL 液化的麦芽汁培养基（45～50℃）。每个培养皿中倾注 10～12 mL，先向一个方向摇动，然后再向另一个方向摇动，使之充分混合均匀。注意避免培养基溅至平皿外或盖子内侧。静置，待固化。翻转培养皿 28℃培养 72 h。

（6）计数。取菌落数在 30～300 个的平板，对有效平皿进行菌落计数。

（7）鉴定。产朊假丝酵母细胞呈圆形、椭圆形和圆柱形，大小为（3.5～4.5）μm×（7～13）μm。麦芽汁培养基上的菌落为乳白色，平滑，有光泽或无光泽，边缘整齐或呈菌丝状。能利用尿素、硝酸盐作为氮源，五碳糖和六碳糖为碳源，发酵葡萄糖、蔗糖、1/3 棉籽糖，不发酵半乳糖、麦芽糖和乳糖。能利用葡萄糖、蔗糖和麦芽糖，不能利用半乳糖和乳糖。

（8）结果计算。

产朊假丝酵母（CFU/g）= 平皿上菌落平均数 × 稀释倍数

第九节　沼泽红假单胞菌

沼泽红假单胞菌（*Rhodopseudomonas palustris*）是地球上最古老的具有光能合成体系的原核生物，能利用自然界中的有机物、硫化物等为营养体，并能进行光合作用。在生物学分类中属于真细菌纲、红螺菌目红螺菌科、红假单细胞菌属。沼泽红假单胞菌的菌体富含营养物质、多种抗病毒因子和促生长因子等生物活性物质，能明显提高鱼、虾、畜、禽机体的抗病能力，提高饲料转化率（Xu 等，2013）。对有机物有很强的氧化分解能力，能有效地消除水体中有机废料、氮化合物及硫化氢等污染物，改善鱼塘水质。

一、菌体特性

沼泽红假单胞菌在琼脂培养基上培养，菌落形态为草帽形或圆形，表面光滑，少隆起，边缘整齐，棕红色。显微镜下观察，菌体形态为短杆状或卵圆形，无芽孢，无荚膜，可运动，革兰氏染色阴性。芽生繁殖，老培养物丛生和簇生。在丛和簇中的每个菌以鞭毛端互相连在一起。厌氧液体培养物最初呈淡红色。老培养物暗棕红色，好氧培养物无色到粉红色（Chen 等，2020）。光能异养菌，兼性好氧，可在光下营厌氧生活，或在黑暗下营好氧生长。大多数菌株能长在琼脂平板上或斜面上。能在简单的有机底物和碳酸氢钠及以对-氨基苯甲酸盐为生长素的无机盐培养基上生长。酵母膏有显著刺激生长的作用。pH 值范围 5.5～8.5。脂肪酸在 pH 值 7.0 以下会抑制生长。最适生长温度 30～37℃。可利用铵盐、乙醇、脂肪酸、C4 二羧酸、氨基酸、苯甲酸盐、环己烷羧酸，不能利用单糖类和糖醇类、硫化物。产叶绿素 A 和正常的螺菌黄质系的类胡萝卜素。产氢化酶、接触酶、甲酸脱氢酶（Li 等，2014）。

二、作用机理

刘小燕等（2020）以自主选育的沼泽红假单胞菌 R-3 为饲料添加剂投喂草鱼，结果表明：与对照相比，添加了沼泽红假单胞菌的草鱼，成活率、增重率明显高于对照组，饲料系数显著低于对照组。同时，添加沼泽红假单胞菌 R-3 显著提高了草鱼血清超氧化物歧化酶（SOD）、过氧化氢酶（CAT）活性，降低了血清丙二醛（MDA）含量和养殖水体中氨氮、亚硝酸盐的含量（刘小燕和雷平，2020）。

三、分析方法

（一）培养基

光合细菌培养液，60% 蔗糖溶液。

（二）试验步骤

（1）样品充分振荡后取 0.5 mL 用水稀释到 200 mL 灭菌水中，搅匀后从中取数微升放入细胞计数板的计数池中（每大格 0.1 mm^3，置 600 倍显微镜下观察，同时用红细胞计数法记菌数，将 25 个小格的每格菌数平均值乘以 1 亿为每毫升总菌数。

（2）活菌数测定。将上面稀释的菌液再稀释 100000 倍，取 1 mL 加入 10 mL 培养液中，混合均匀后加入 20 g/1000 mL 浓度琼脂溶液 10 mL，置平皿中凝固，加玻璃盖在 25～30℃温度，无菌环境下，60 W 白炽灯照射，距灯泡 12 cm，1～2 d 后观察计数菌落数，以下式计算：

$$每毫升样品中的活菌数 =（菌落计数 /25）\times 10^8$$

（3）菌落形态检验。用含 1.2% 琼脂的光合菌用培养液，除菌处理后，在无菌环境中，充平皿板，厚 3～5 mm。凝固后取光合菌液做平板划线，将平皿厌氧培养光照 3～5 天，室温 30℃，3～5 d 后长出红色菌落，观察菌落形态。

（4）原菌液用培养液稀释 100 倍，取一滴置载玻片上（盖盖玻片）在高倍镜下（16×40）观察菌形态大小及运动状态。

（5）取培养中的菌液一滴做涂片，自然干燥，酒精灯火焰固定，经初染（结晶紫）、媒染（路氏碘液）、脱色（95% 乙醇）、复染（番红染液）后，油镜（16×100）观察，菌体呈红色。菌液稀释后在琼脂培养皿上培养，菌落形态为草帽形或圆形，表面光滑，少隆起，边缘整齐，棕红色。显微镜下观察，菌体形态为短杆状或卵圆形，宽 0.5～0.9 μm，长 1.2～2.0 μm，无芽孢，无荚膜，单极鞭毛，可运动。革兰氏染色阴性。

第十节 丁酸梭菌

我国对丁酸梭菌（*Clostridium butyricum*）的研究早期主要是在人的医学临床应用上，作为饲料添加剂的应用研究起步较晚，开始于 2000 年左右。2003 年欧盟批准丁酸梭菌用作肉鸡和断奶仔猪的饲料添加剂。2009 年 7 月我国农业部批准了新饲料——丁酸梭菌的生产和使用，并于 2013 年 12 月将其纳入《饲料添加剂品种目录（2013）》的附录二中。浙江惠嘉生物科技有限公司在国内最先研制出可用作饲料添加剂的丁酸梭菌，并于 2009 年 11 月获得了原农业部颁发的饲料添加剂新产品证书。2016 年 3 月，江苏三仪生物产业集团制定的丁酸梭菌质量标准通过审定验收会。

近年来，我国有关科研院所、大专院校及各大企业加大了丁酸梭菌作为饲料添加剂的基础研究及应用研究，成果相继在畜禽、水产等动物养殖领域应用。比如河南金百合生物科技股份有限公司、青岛东海药业有限公司、湖北绿雪生物科技有限公司、洛阳欧科拜克生物技术股份有限公司、湖北蓝谷中微生物技术有限公司、山东宝来利来生物工程股份有限公司等企业生产的丁酸梭菌制剂已商业化用作畜禽和水产饲料添加剂。

微生物饲料添加剂丁酸梭菌能够调节动物肠道，减少肠毒素的发生，增强机体免疫功能，还能分泌多种酶类和维生素，有效促进营养物质的消化吸收，起到消除炎症、营养肠道的作用，应用效果显著。作为一种新型绿色微生态制剂，尤其是在无抗饲养的大环境下，丁酸梭菌制剂有着十分广泛的应用前景和较大的市场需求（Zou 等，2021）。

一、菌种特性

丁酸梭菌是直或微弯的杆菌，大小为（0.6～1.2）μm×（3.0～7.0）μm，两端圆；单个或成对、短链，偶见长丝状菌体，以周生鞭毛运动，孢子卵圆形或圆形，偏心到次端生，无孢子外壁和附属丝，菌体形成芽孢后一端膨大成鼓槌状，或中部膨大呈梭状或纺锤状。其培养形态：在胰胨-亚硫酸盐-环丝氨酸琼脂培养基上，菌落圆形，较小，比较规则，实心，新鲜培养基菌落呈黑色，放置 1～2 d 黑色褪为白色。在碳酸钙琼脂培养基上，菌落呈稍不规则的圆形，成奶油色或白色，直径 1～3 mm（Bang 等，2020）。

二、作用机理

（一）调节肠道微生态平衡

丁酸梭菌具有防止病原菌及腐败菌在肠道内的异常增殖和促进肠道有益菌群增殖、发育的双重作用，从而纠正肠道菌群紊乱，减少肠毒素的产生。丁酸梭菌对艰难梭菌具生物拮抗作用，初步证实是通过细胞紧密接触抑制毒性蛋白的表达，其抑制机理仍待深入研究。两种菌在体外共培养时，艰难梭菌的毒性大幅度降低甚至消失，主要是因为丁酸梭菌芽孢萌发与扩增的速率是艰难梭菌的两倍，产生的短链脂肪酸更有效的抑制艰难梭菌芽孢的萌发及其生长。陈秋红等（2011）研究表明丁酸梭菌具有较强的耐高温、耐酸和耐胆盐的生物学特性，对肠道致病菌大肠杆菌、沙门氏菌和志贺氏菌具有较强的抑制作用，同时可显著促进肠道有益菌的生长。

（二）增强免疫功能，促进动物生长

在临床应用中，用热灭活的丁酸梭菌制成的疫苗具有激活巨噬细胞和 NK 细胞的作用，口服丁酸梭菌显著增加了血清中 IgA 和 IgM 含量。利用丁酸梭菌发酵动物饲料能降低饲料中的抗营养因子，提高氨基酸、维生素、有机酸和有机磷等营养物质含量，改善适口性、摄入量和利用率；添加到动物饲料具有替代抗生素预防和治疗相关动物疾病的潜力，抑制内源性疾病的发生，且增强机体免疫和血液中白细胞的数量，以及改善动物的生产性能和产品质量，减少抗生物用量，提高经济效率（Stoeva 等，2021）。

（三）产生益生物质

丁酸梭菌的主要代谢产物是丁酸，而丁酸是结肠上皮细胞的能量代谢和正常生长主要的营养物质，能量供应的不充分是导致结肠炎的主要因素之一，而结肠上皮细胞 70% 能量一般是从丁酸盐中获得，葡聚糖硫酸酯能抑制丁酸氧化而对葡萄糖代谢没有影响。丁酸具有抗炎症效应，丁酸盐还可促进癌细胞凋亡和在体外抑制癌细胞的增殖，从而在体内发挥抵抗癌症的积极作用（Liu 等，2020）。从丁酸梭菌中抽提并纯化的脂磷壁酸，能抑制拜氏梭菌和大肠杆菌对人结肠癌细胞以及肠道细胞的黏附，从其芽孢中分离的脂质部分能一定程度地抑制白血病淋巴细胞、胸腺癌和肺癌细胞中尿激酶的合成（Tomita 等，2020）。丁酸梭菌还产生乙酸和丙酸等短链脂肪酸，在胃肠道中，短链脂肪酸在产生部位直接被吸收，同时刺激肠道蠕动，改善肠道微环境，

调节微生态平衡，治疗相关疾病。丁酸梭菌产生的氨基酸、B 族维生素和维生素 K，能促进维生素 E 的吸收，补充必要的营养物质；分泌淀粉酶、糖苷酶以及降解饲料的果胶酶、葡聚糖酶，产生促双歧杆菌发育的因子，同有益菌群共生，对机体产生各种保健功能（Liu 等，2018）。丁酸梭菌还能分解胺类、吲哚类、硫化氢等有害物质，减少癌症的发生率和改善粪便的恶臭，从而提高动物健康质量和改善环境。

三、分析方法

（一）培养基

强化梭菌琼脂培养基（RCM AGAR）：蛋白胨 10.0 g，牛肉粉 10.0 g，酵母粉 3.0 g，葡萄糖 5.0 g，可溶性淀粉 1.0 g，氯化钠 5.0 g。醋酸钠 3.0 g，L- 半胱氨酸盐酸盐 0.5 g，琼脂 15 g，pH 值 6.8 ± 0.1。

（二）试验步骤

（1）样品稀释。用无菌移液管吸取 1 mL 上述菌悬液加入盛有 9 mL 无菌生理盐水的试管中，混匀成 1∶100 稀释的菌悬液，这样依次稀释，分别得到 1∶10^3、1∶10^4……1∶10^9 等稀释倍数。

（2）接种混匀。采用无菌操作，分别吸取 1 mL 不同稀释度菌悬液加入无菌平皿中，倾注熔化好的强化梭菌琼脂培养基入以上所述平皿，每个约 15～20 mL。旋转混匀，静置凝固。每个样品取 3 个连续适宜稀释度，每一稀释度重复 2 次，同时加无菌生理盐水作空白对照。

（3）培养。将接种好的培养皿放置厌氧培养箱内，盖好皿盖，待培养基表面干燥后，平皿倒置，于（36 ± 1）℃培养 20～24 h。

（4）菌落特征。表面菌落圆形稍不规则，直径 1～3 mm，样凸，中心黑色，表面有光泽到无色泽。

（5）结果计算。

丁酸梭菌活菌数（CFU/g）= 丁酸梭菌菌落平均数 × 稀释倍数。

第三章
饲用微生物安全性评价

　　饲用微生物产品必须是稳定、安全、有效的，因此，有必要对饲用微生物的安全性、抗逆性、定植性、稳定性、有效性和一致性进行评价。①安全性。菌种的来源必须是清楚的，菌种本身没有毒性、致病性、耐药性和传染性。毒性试验包括动物毒性试验、溶血试验、细菌移位试验等。②抗逆性。饲用微生物应对高温、高湿、消化酶、胃酸、胆盐等有一定的耐受性，其生物活性得到保证，才能保证进入人体发挥益生功能，保护肠道微生态平衡。③定植性。在肠道黏附的定植性是饲用微生物应用效果好坏的重要指标，菌株能够在消化道黏膜黏附并存活、稳定定植在黏膜表面，才能具有竞争性和调控免疫反应的能力。④稳定性。饲用微生物菌株应具有稳定的生物学和遗传学特性，突变率低，避免产生毒副作用。同时，菌株应具有较好的可控性，确保在加工、贮藏、运输的过程中，保持其功能特性稳定，从而维持饲用微生物的活性。⑤有效性。通过实验证实，饲用微生物在养殖动物身上能发挥益生作用。饲用微生物的有效性要根据其作用进行实验设计。⑥一致性。确保生产使用的菌种在基因序列、特性方面与原种是一致的，没有变异、退化和污染。

第一节　饲用微生物安全性评价指标及流程

　　20世纪自60年代起，美国、苏联和我国对多种昆虫病毒、真菌进行了系列试验，探讨它们应用的安全性。20世纪80年代中期，日本农林水产省有关单位报道了生产饲料用的酵母菌等微生物的安全评价方法（吴全珍，向维君，1996）。随着微生物技术的发展，将不断拓展出微生物新种。寻求合理的标准评价这些微生物安全性的程序或方法势在必行。随着饲用微生物生产技术的发展和产品的普及，公认的合理的安全性评价程序和方法对于规范市场非常必要，并会进一步促进饲用微生物的应用与开发。饲用微生物的概念是指用于维持动物机体微生态平衡和改善动物生理生化机能，以活菌形式作为饲料添加或直接饲喂或用于发酵饲料的微生物。具安全性评价指标及流程如下。

一、通用信息

（1）基本信息。菌种名称（包括学名、俗名、拉丁名等）、来源及用途。

（2）菌种分类学资料。应提供拟评价菌种规范、科学的分类学信息，细菌的分类和命名应符合原核生物系统学国际委员会（International Committee on Systematics of Prokaryotes）的规定和原核生物国际命名法规（International Code of Nomenclature of Prokaryotes）要求。真菌的分类和命名应符合国际藻类、真菌和植物命名法规（International Code of Nomenclature for algae，fungi，and plants）要求。

（3）鉴定资料。提供基于表型或最新基因测序技术鉴定到种水平的资料。

（4）生长环境信息。菌种生长最适培养基及培养时间、培养温度和湿度、光照等培养条件，以及菌种保藏及复壮方法等。

（5）技术流程。提供饲用微生物生产的工艺流程及相关记录等。

（6）其他需要说明的信息。

二、评价方法

（1）国内外安全性评价综述。根据国内外对该菌株的致病性、产毒能力、耐药性等方面的安全性评价资料，提供该菌株的安全性评价综述；若无相关材料，应提供同种内其他菌株或与其相近种属的安全性评价资料。

（2）全基因组测序（Whole Genome Sequencing，WGS）。对拟评价菌株进行全基因组测序，提供 DNA 提取方法、测序方案及仪器设备、序列组装方法、序列质量评价、FASTA 文件、与预期基因组大小相关的 contigs 总长度、基因注释流程等材料，真菌还需提供从相关数据库中获得的注释质量信息。

（3）基因序列分析。将拟评价菌株的基因组序列与已有的数据库（如 VFDB、CGE、PAI DB、MvirDB 等）中存储的序列进行比对，分析其与已知毒力因子、耐药基因和毒素代谢基因的情况。分析报告应包括毒力基因的名称与位置、编码的蛋白及序列号、基因组图谱等。

（4）动物实验。按照致病性检测方法（本章第四节），对饲用微生物菌株进行致病性检测和评价，并提供相应报告。

（5）产毒实验。按照产毒实验方法（本章第二节），进行有毒活性代谢产物含量检测。

三、致病性评价

（1）致病风险较低情况。菌种长期在动物、人类身上作为食品或保健品食用未出现危害事件的、全基因测序不存在已知毒力基因的、动物实验无致病性的、产毒实验结果显示不产生有毒活性代谢产物的，则认为该饲用微生物菌株的致病风险较低。

（2）具有致病风险情况。全基因序列分析发现存在已知毒力基因（或毒素合成关键基因）、动物实验结果显示有致病性、产毒实验显示在受试的任何一种基质中可产生有毒活性代谢产物，出现任一种情况，则认为具有致病风险，不可用作饲用微生物菌种。

（3）需要综合判断情况。出现其他情况需结合国内外其他资料进行综合判断，如全基因序列中发现毒力基因，但动物实验显示不具有致病性，或产毒实验未检测到已知的有毒活性代谢产物；或全基因测序列中未发现已知的毒力基因，但动物实验显示具有致病性，产毒实验未检测到已知的有毒活性代谢产物。

第二节　饲用微生物产毒性评价技术

饲用微生物菌种的安全性评价，需要对菌株含有致病基因的潜在可能性及毒性代谢产物的产生予以关注。一是利用传统方法对毒性代谢产物进行分析。毒性代谢产物包括菌株产生的酶、溶血素、溶细胞素、肠毒素、D-乳酸等，硝基还原酶在肠道中能催化产生致癌物质或其他肠内毒素，氨基脱羧酶将游离的氨基酸转化为生物胺类物质而引起中毒症状，糖苷酶可影响多种毒素和二级代谢产物的生物活性，溶血素会溶解宿主血细胞，胆盐代谢影响脂肪的消化和吸收等。二是随着分子生物学的发展，特别是新一代测序技术的出现，基因组DNA测序成本迅速下降，测序速度快速提高，可以通过基因测序检测菌株所含有的毒力基因，从而预测菌株的潜在毒力因子。如欧洲食品安全局在2012年颁布的关于屎肠球菌的安全性评价指南中要求必须检测 *IS16*、*esp* 和 *hylefm* 基因（王黎文，2014）。下面就几种主要的评价指标和方法进行介绍。

一、吲哚试验

一种典型的氮杂环芳烃化合物，在自然界中广泛存在。微生物的生理生化过程会伴随着吲哚的产生。研究表明，包括大肠杆菌（*Escherichia coli*）、霍乱弧菌（*Vibrio cholerae*）在内的约有150种细菌能够在体内色氨酸酶的作用下合成吲哚，动物肠道中吲哚浓度可高达1.1 mmol/L（李严等，2020）。吲哚不仅可以调节微生物的毒性、耐药性、生物膜形成以及群感效应等生理生化行为，还能够影响动物的肠道炎症、细胞氧化压力及激素分泌等生理健康。因此吲哚在微生物代谢和动物健康方面扮演了重要角色，具有重要的生物学及生态学双重意义。吲哚可以通过刺激转录因子，诱导毒性的产生。一些细菌在发酵过程中会产生这种物质，在日积月累的食用过程中在人们体内不断积累，最终危害健康（曲媛媛等，2019）。

吲哚试验的原理是某些细菌在生命活动中会产生色氨酸酶，分解蛋白胨中的色氨酸，产生吲哚和丙酮酸。吲哚和对二甲基氨基苯甲醛结合，形成红色的玫瑰吲哚。并非所有的微生物都具有分解色氨酸产生吲哚的能力，因此吲哚试验可以作为一个生物化学检测的指标。

37℃培养72 h后，加入吲哚试剂8～10滴，观察试验结果。

（1）试管标记。取装有蛋白胨水培养液的试管，根据需要培养的细菌做好标记。

（2）接种培养。在无菌条件下，将活化后的评价菌株按3%的接种量接入含蛋白胨水培养液的试管中。第5管作空白对照不接种，置37℃恒温箱中培养24～48 h。同时做空白试验。

（3）观察记录。在培养液中加入5～10滴吲哚试剂，使试剂浮于培养物表面，形成两层，观察结果：滴加吲哚试剂后两层液体交界面出现红色环者为阳性结果，滴加试剂后不变色为阴性结果。阳性用"+"、阴性用"–"表示。

二、硝酸盐还原酶活性检测

有些菌能分解蛋白质中的色氨酸，色氨酸是参与蛋白质合成、调节免疫功能和促进消化的必需氨基酸。若色氨酸的代谢过程发生障碍，会引起肝功能衰退、恶性肿瘤等（李剑欣，2005）。硝酸盐还原酶可以将食物中含有的硝酸盐还原为亚硝酸盐，亚硝酸盐是强致癌物亚硝胺的前体，亚硝酸盐可与蛋白质分解产生的中间产物仲胺发生反应，形成亚硝胺。亚硝胺可诱发肝癌、胃癌等多种癌症（龚钢明和管世敏，2010）。

若含有硝酸盐还原酶，会将硝酸盐还原为亚硝酸盐，滴加碘化钾溶液会置换出碘单质，进而滴加淀粉溶液培养基，变成蓝色。

在无菌条件下，将活化后的评价菌株按 3% 的接种量接入硝酸盐培养液中，适宜温度培养 5 d 后，先滴加 5% 的 KI 溶液 10 滴，然后滴加 5% 淀粉溶液 10 滴，同时做空白试验。观察，培养基溶液变为蓝色为阳性结果，不变色为阴性结果。

三、溶血试验

溶血是指红细胞破裂溶解现象，可由多种理化因素和毒素引起，可导致败血症等。

使用特异性免疫血清进行定量凝集试验。血平板培养是常见的溶血性的评价方法。

在无菌条件下，将活化好的菌株用接种环划线，同时在血琼脂平板上穿刺，适宜温度培养 48 h，同时做空白试验，观察有无溶血圈出现。若在培养物菌落周围的培养基出现草绿色环，为 α - 溶血，又称草绿色溶血；若菌落周围形成界限分明、完全透明的溶血环，为 β - 溶血；γ - 溶血对溶血无作用或不溶血，在菌落周围的培养基没有变化（Ca Riolato 等，2008）。

四、氨基脱羧酶活性检测

一些菌具有氨基酸脱羧酶活性，能将食物中的氨基酸脱羧还原成生物胺类物质，若胺类物质在体内积累过多，会引起中毒症状（周景文等，2011）。

具有氨基酸脱羧酶的细菌，能分解氨基酸使其脱羧生成胺（赖氨酸转化成尸胺，鸟氨酸转化成腐胺，精氨酸转化成精胺）和二氧化碳，使培养基呈碱性。滴加溴甲酚紫指示剂，呈紫色表明阳性。若测定管呈黄色，则为阴性，说明拟评价菌株不含有氨基脱羧酶。

在无菌条件下，将活化好的拟评价菌株按 3% 的接种量分别接入脱羧酶试验培养基（鸟氨酸、精氨酸、赖氨酸），同时做空白试验，适宜温度下培养 72 h 后观察，培养基变紫色为阳性，培养基周围是淡紫色或紫色消失为阴性结果。

五、生物胺检测

生物胺（biogenic amine，BA）是一类具有生物活性含氮的低分子量有机化合物的总称。可看作是氨分子中1～3个氢原子被烷基或芳基取代后而生成的物质，是脂肪族、酯环族或杂环族的低分子量有机碱。广泛存在于动植物体内及食品。但是过量摄入生物胺会对人体产生不良反应。根据其化学结构的不同，可以分为脂肪族（腐胺、尸胺、精胺、亚精胺等）、芳香族（酪胺、β-苯乙胺等）和杂环族（组胺、色胺等）；根据所含氨基酸数量的不同，可以分为单胺（酪胺、组胺、色胺等）和多胺（尸胺、腐胺、精胺、亚精胺等）。摄入过量的生物胺或人体解毒能力不足时，就会对人体造成损伤，引发中毒，导致不良反应，甚至死亡。组胺的毒性在生物胺中是最强的，可通过细胞膜上的受体发挥毒性，引起头疼、心悸、呕吐、血压异常等不良反应，还具有神经性毒性；酪胺毒性弱于组胺，但摄入过多会引起偏头疼和高血压等，酪胺还是动物体内主要致突变的前体物质；腐胺和尸胺具有强烈刺激作用，可抑制组胺和酪胺相关代谢酶的活性，从而增强组胺和酪胺的毒性作用，还可与亚硝酸盐反应生成强致癌性的亚硝胺。色胺和β-苯乙胺可导致特殊人群的高血压和偏头痛，β-苯乙胺亦可增强组胺的毒性（杨姗姗等，2021）。

生物胺测定的方法包括薄层色谱法、毛细管电泳法、气相色谱法、离子色谱法、柱前衍生液相色谱法和液相色谱-串联质谱法（liquid chromatographytandem mass spectrometry，LC-MS/MS）等（陈召桂等，2020）。

（1）现行有效的国标方法为GB 5009.208—2016《食品安全国家标准 食品中生物胺的测定》，该标准中试样用5%三氯乙酸提取，正己烷去除脂肪，三氯甲烷-正丁醇（1∶1，V/V）液液萃取净化后，用丹磺酰氯进行柱前衍生，并用高效液相色谱-紫外检测器进行定量分析。

（2）基因分析。生物胺的产生有相关的基因，如酪氨酸脱羧酶等，通过多2重PCR技术进行检测。

（3）表型检测。可以通过观察特定培养基上的颜色变化，或利用高效液相色谱等仪器对生物胺进行定量分析。

第三节 饲用微生物抗生素敏感性试验

饲用微生物的菌种不同，需要关注的抗生素敏感性亦不尽相同。比如，乳球菌需要关注的有青霉素、链霉素、万古霉素、红霉素、庆大霉素、磺胺嘧啶、丁胺卡那霉素、氨比西林、甲氧苄啶、头孢菌素Ⅰ、氯霉素、四环素、磺酰胺、亚胺培南等；乳杆菌需要关注的有万古霉素、多黏菌素、多黏菌素

B、链霉素、卡那霉素、庆大霉素、制霉菌素、甲氧苄啶、萘啶酸、杆菌肽、甲氧苄啶、磺酰胺、链霉素、头孢西丁呋喃妥因、甲硝唑、新霉素、诺氟沙星、磺胺嘧啶、替考拉宁等；双歧杆菌需要关注的有四环素、青霉素、红霉素、杆菌肽、先锋霉素、氯霉素、克林霉素、呋喃妥等；肠球菌属需要关注的有红霉素、阿莫西林、诺氟沙星、环丙沙星、氨苄西林、氧氟沙星等。

抗生素的最低抑菌浓度（minimum inhibitory concentration，MIC）指在体外培养细菌 18～24 h 后能抑制培养基内病原菌生长的最低药物浓度，是饲用微生物抗生素敏感性评估的常用指标，通常以 mg/L 或 μg/mL 表示。MIC 值明显偏离正常敏感菌株归类为耐药菌株。微生物临界值（cut-off values）是根据同一类种或属的细菌，对不同抗生素耐药性的 MIC 值分布而设置出来的，可以用来评估微生物产品可能存在的抗生素耐药性。当菌株被一定浓度的某种抗生素抑制时，该浓度等于或低于已经建立的临界值时，该菌株被定义为对该抗生素敏感（S）；当菌株不被一定浓度的抗生素抑制，该浓度高于已设置的临界值时，表明该菌株对该抗生素耐药（R）。MIC 值的测定方法有琼脂扩散纸片法（Kirby-Bauer test）或微量稀释法（dilution test）。

琼脂扩散纸片法是含有定量抗菌药物的纸片，贴在拟评价的琼脂平板上，纸片所含的药物吸取琼脂中的水分，溶解后不断向纸片周围扩散，形成递减的梯度浓度。在纸片周围抑菌浓度范围内的细菌生长被抑制，形成透明的抑菌圈。抑菌圈的大小反映菌株对抗生素的敏感程度，并与该抗生素对评价菌株的最低抑制浓度（minimal inhibitory concentration，MIC）呈负相关。即抑菌圈越大，MIC 越小。

以屎肠球菌为例进行抗生素敏感性试验，进行红霉素、阿莫西林、诺氟沙星、环丙沙星、氨苄西林、氧氟沙星药敏试验。

一、操作步骤

将 30 mL 灭菌的 MRS 固体培养基加热熔解，冷却至 50～55℃，加入 10^7 CFU/mL 的屎肠球菌菌液 1.0 mL，均匀混合后用倾注法倒入 2 个无菌培养皿，待培养基冷却凝固后，在每个培养皿中等距放置红霉素、阿莫西林、诺氟沙星、环丙沙星、氨苄西林、氧氟沙星药敏纸片。每个培养皿内等距放置 1 个空白纸片和 3 种抗生素药敏纸片。在 37℃下培养 24 h，测量每个药敏纸片换菌圈的直径大小。纸片扩散法使用直尺或游标卡尺，用反射光照明读取。每个拟评价菌株对各个抗生素分别做 2 个平行，3 次重复。

二、试剂耗材与培养基

（1）MRS 琼脂培养基。

（2）屎肠球菌菌株。

（3）红霉素、阿莫西林、诺氟沙星、环丙沙星、氨苄西林、氧氟沙星药敏纸。

三、结果与报告

根据 CLSI（Clinicla and Laboratory Standards Institute）标准对敏感进行解释和报告：敏感（susceptible，S）、耐药（resistant，R）、中等（intermediate，I），按"抑菌圈直径及 MIC 解释标准"进行结果判断（马筱玲，2012）。

第四节 动物毒性实验

动物毒性试验可选用靶标动物进行试验或采用常规方法进行，日本饲料生产用微生物安全性评价方法为直接在小鼠的静脉中注入大量的菌体，根据注入后第 14 天的生存菌数、脏器的组织学变化观察菌体的安全性或病原性（吴全珍和向维君，1996）。本方法适用于细菌、丝状真菌、酵母等饲用微生物的动物致病性评价，并且规定了饲用微生物的动物毒性试验方法。

一、培养基、试剂与试验动物

（1）0.85% 无菌生理盐水，121℃高压灭菌 15 min。

（2）琼脂培养基。根据菌种的培养特性选择合适的琼脂培养基，如乳杆菌可选用 MRS 琼脂培养基，芽孢杆菌可选用 LB 琼脂培养基，红曲霉属菌种、酵母接种麦芽汁琼脂平板，其他真菌菌种接种于马铃薯葡萄糖琼脂平板，按培养基的产品说明书进行配制和灭菌，制备琼脂平板备用。

（3）实验动物。选用体重 18.0～22.0 g 健康小鼠，雌雄各半。

二、操作步骤

用腹腔注射和经口灌胃两种途径染毒动物来评价菌株对动物的致病性。

（一）腹腔注射染毒评价方法

（1）菌种活化与菌悬液制备。分别接种至相应合适的琼脂平板上，根据菌种生长的温度、湿度、好氧性等特性选择培养条件，培养一定时间后，刮取平板上的菌落，将其悬浮于无菌生理盐水中，充分混匀，用灭菌生理盐水调整菌悬液浓度，菌悬液中菌体细胞的最终浓度不低于 5.0×10^7 CFU/mL。

（2）腹腔注射取 40 只小鼠，雌雄各半，每组 10 只。分别随机设成雄性小鼠菌悬液灭活对照组、雄性小鼠菌悬液组、雌性小鼠菌悬液灭活对照组、雌性小鼠菌悬液组 4 组。每只小鼠注射 0.2 mL 菌悬液，即每只小鼠的菌注射量不少于 5.0×10^7 CFU/ 只。

（3）动物观察。腹腔注射以后，每天观察 1 次，持续 21 d。观察动物出现下列（但不限于）异常的情况。①皮肤和毛。②眼睛和黏膜。③呼吸系统。④肢体活动。⑤行为方式。⑥特别注意观察出现震颤、抽搐、腹泻、嗜睡、流涎和昏迷等现象。⑦体重。注射前及注射后每周所有小鼠称量，并测量实验期间死亡的、最终处死的小鼠体重。若小鼠的存活时间超过 1d，记录其体重变化。⑧尽可能精确记录小鼠的死亡时间。

（二）经口灌胃染毒评价方法

（1）菌种活化与菌悬液制备。菌悬液浓度不小于 2.5×10^8 CFU/mL，其他步骤与腹腔注射相同。

（2）灌胃。取 40 只小鼠，雌雄各半，每组 10 只，分别随机分成雄性小鼠菌悬液灭活对照组、雄性小鼠菌悬液组、雌性小鼠菌悬液灭活对照组、雌性小鼠菌悬液组 4 组，灌胃前应禁食一夜，分别以 2.0 mL/100 g BW 的剂量给小鼠灌胃，灌胃后 3～4 h 喂食。

（3）动物观察。同腹腔注射观察内容。

（三）结果与报告

对腹腔注射和经口灌胃实验后，对结果进行分析与评价，内容包括：①评价菌株对动物体重的影响是否有统计学意义。②小鼠出现异常特征的时间及症状描述、出现异常的动物数目等，包括每只动物的死亡时间。③受试组动物在实验期间未出现中毒症状或死亡，且对其生长发育等影响无统计学意义，即可判定该菌株无致病性；试验期间若出现中毒症状或死亡，或生长发育受影响，即可判定该菌株具有致病性。

第五节　细菌移位实验

细菌移位（bacterial translocation）是指肠道细菌及其产物从肠腔移位至肠系膜或其他肠外器官的过程。肠道细菌移位所致的肠源性感染是近年来创伤失血性休克的研究热点，失血性休克早期肠道细菌可转移到肠系膜淋巴结细胞、肝、脾及血液中，并认为是导致创伤后多器官功能衰竭的主要原因（王达利，1996）。轻者导致肠道吸收不良引起腹泻、营养不良等；重者以严重肝病为例，导致自发性细菌性腹膜炎、内毒素血症、肝肾综合征、肝肺综合征和肝性脑病等。细菌移位通常用细菌移位发生率（incidence of translocation）来表示。本方法适用于细菌类饲用微生物的细菌移位实验，规定了饲用微生物的细菌移位实验方法。

一、培养基、试剂与实验动物

（1）0.85% 无菌生理盐水，121℃高压灭菌 15 min。

（2）琼脂培养基。根据菌种的培养特性选择合适的琼脂培养基，如乳杆菌可选用 MRS 琼脂培养基，芽孢杆菌可选用 LB 琼脂培养基，按培养基的产品说明书进行配制和灭菌，制备琼脂平板备用。

（3）实验动物。选用体重 18.0～22.0 g 健康小鼠，雌雄各半。

二、操作步骤

将评价菌株在适宜的温度等条件下生长至对数期，用灭菌生理盐水调节菌液浓度到 4.0×10^7 CFU/mL、4.0×10^9 CFU/mL、4.0×10^{11} CFU/mL，取 60 只小鼠，每组 10 只，分别按低、中、高剂量对试验鼠灌胃，剂量为 2.0 mL/100 g BW。正常对照组小鼠灌胃等量灭菌生理盐水。末次处理 24 h 后，乙醚麻醉小鼠，无菌心脏穿刺获得各组小鼠血液样本。解剖小鼠，用无菌棉签擦拭脏器表面，涂布于合适的琼脂培养基上，进行培养，检测小鼠内脏表面污染情况。无菌摘取肠系膜淋巴结、脾脏和肝脏，加入 0.5～1 mL 无菌生理盐水后摇匀。分别取 0.1 mL 血液和脏器匀浆上清液，在琼脂培养基上涂布后培养。记录琼脂培养基上有评价菌株的菌落生长的发生细菌移位的小鼠数量。即使只有一个菌落生长也可认定为细菌移位阳性。

三、结果与报告

细菌移位发生率计算公式为：

$$细菌移位发生率（\%）= \frac{发生细菌移位的小鼠数量}{每组受试小鼠总数} \times 100$$

第六节　饲用微生物抗逆性与稳定性评价

微生物通常对各种不良环境具有一定的适应性和抵抗力，称为微生物的抗逆性（resistance）或耐受性（tolerance）。饲用微生物菌种须进行耐盐性、耐酸性、耐碱性、耐胆盐等相关抗逆性试验。

一、耐盐试验

试验方法：将活化的菌株和标准菌株按 3% 的接种量分别接到含有 6.5%、10%、12%、14%、16%、18%（NaCl）浓度的适合菌株生长的液体培养基（如乳杆菌可用 MRS 肉汤）中，同时接入空白液体培养基作对照。适宜温度条件下培养，在 1 d、3 d、5 d、7 d、10 d 时，用比浊法检测菌浓度，并记录。

二、耐胆盐试验

试验方法：将活化后的菌株和标准菌株按 3% 的接种量分别接到含有 0.1%、0.2%、0.3%、0.4%、1.0% 的胆盐浓度的适宜液体培养基（如乳杆菌可用 MRS 肉汤）中，同时接入空白液体培养基作对照，适宜温度条件下培养，在 1 d、3 d、5 d、7 d、10 d 时，用比浊法检测菌浓度，并记录。

三、耐酸试验

试验方法：将活化后的菌株和标准菌株按 3% 的接种量分别接到 pH 值为 3.0、3.5、4.0、4.5 的适宜液体培养基（如乳杆菌可用 MRS 肉汤）中，同时接入空白液体培养基作对照，适宜温度条件下培养，在 1 d、3 d、5 d、7 d、10 d 时，用比浊法检测菌浓度，并记录。

四、耐碱试验

试验方法：将活化后的菌株和标准菌株按 3% 的接种量分别接到 pH 值为

9.2、9.6 的适宜液体培养基（如乳杆菌可用 MRS 肉汤）中，同时接入空白液体培养基作对照，适宜温度条件下培养，在 1 d、3 d、5 d、7 d、10 d 时，用比浊法检测菌浓度，并记录。

五、耐热试验

温度是微生物生存和繁殖最重要的因素之一，微生物可能繁殖总体范围在 -10～90℃。不同种属微生物生长和繁殖的温度范围不同。微生物的繁殖期、繁殖速度、最终细胞量、营养要求、细胞中的酶及细胞的化学组成成分都受温度范围的制约。微生物的耐热性可用实际使用的温度和时间表示，常用加热致死时间来表示。①热致死温度（thermal death point）：在 10 min 内杀灭悬浮于液体中的微生物的最低温度。②热（力致）死时间（thermal death time，TDT）：指在特定的条件和特定的温度下，杀死一定数量微生物所需要的时间。在一定基质中，其温度为 121.1℃加热杀死一定数量微生物所需要的时间（min），即为 F 值。③D 值（decimal reduction time）：在一定温度下加热，活菌数减少 90%，即减少一个对数周期时所需要的时间（min），即为 D 值，测定 D 值时的加热温度，在 D 的右下角注明。例如，含有某种细菌的悬浮液，含菌数为 1×10^5/mL，在 100℃的水浴温度中活菌数降低至 1×10^4/mL 时，所用的时间为 10 min，该菌的 D 值为 10，即 $D_{100}=10$ min。④Z 值：缩短 90% 热致死时间（或减少一个对数周期）所需要升高的温度（℃），这个升高的温度即为 Z 值。

试验方法：将活化后的菌株和标准菌株按 3% 的接种量分别接到适宜液体培养基（如乳杆菌可用 MRS 肉汤）中，在 60℃同时接入空白液体培养基作对照，适宜温度条件下培养，在 1 d、3 d、5 d、7 d、10 d 时，用比浊法检测菌浓度，并记录。

六、稳定性试验

饲用微生物生产菌株性能必须稳定。菌株在保藏过程中，虽然处于休眠状态，但并不能完全避免出现变异和退化，因此，需要对生产菌株进行定期检查（佟建明，2019b）。

试验方法：菌株在特异性培养基中，连续传代 30 代之后，将第 30 代培养物做种子批检查、鉴定，对其生长周期、生长速度、代谢产物、菌落大小等进行观察，全部结果应与原始菌株的特性一致。

第七节　饲用微生物菌种及产品纯度鉴定

对菌株的准确鉴定不仅是益生菌安全性研究的关键出发点，而且涉及产品质量、知识产权及消费者知情权等多方面问题。一些研究报道表明从益生菌产品中分离得到的微生物的鉴定结果与产品标签上标注的信息并不完全相符。Huys（2006）调查得知，由于生产者和经销商对菌株的鉴定结果不准确，市场上 28% 的商业益生菌发酵剂的鉴定结果是错误的（Huys 等，2006）。Lee（2008）对韩国市场上 16 种含有肠球菌的益生菌产品中的菌株使用脉冲凝胶电泳方法进行鉴定，结果发现 16 份样品中含有肠球菌的菌株只有 3 种，所有产品标签上并未明确标注菌株的详细信息（Lee 等，2008）。因此，对使用的菌进行准确鉴定，是安全性评价的基础，也是安全性评价的第一步。根据生产菌株所在菌属已知的基本特性，可以对菌株的安全性有一个初步的判断和预测。微生物菌种的鉴定常规方法是基于生化试验、血清学试验等基础上的，随着现代科技的发展，越来越多的分子生物学方法被用于微生物的鉴定。

益生菌菌株水平鉴定通常在菌种水平鉴定的基础上开展，通常采用全基因组测序（WGS）、脉冲场凝胶电泳（PFGE）和核糖体分型（Ribotyping）等基因分析技术。欧洲食品安全局（European Food Safety Agency，EFSA）（2007）建立的"安全合理推定（Qualified Presumption of Safety，QPS）"方法中将对益生菌的准确鉴定作为评价微生物安全性的基础和前提条件（Barlow 等，2007）。菌种鉴定的方法，FAO/WHO（2006）要求对菌株首先进行表型试验，再利用 DNA/RNA 杂交、16S rRNA 序列测定及其他可靠方法进行遗传学鉴定，使用 DNA 脉冲梯度凝胶电泳（PFGE）对菌株进行鉴定并作为黄金标准方法，结合各种方法以确定菌株鉴定的可靠性和准确性（Araya 等，2006；刘勇等，2011）。

VITEK® 2 Compact 全自动微生物鉴定系统是以微生物的生化反应为基础，结合比色、比浊动态分析技术的自动化鉴定系统。使用 VITEK® 2 Compact 进行微生物鉴定，需挑取单个菌落并配制到一定浓度的菌悬液，根据菌落形态、革兰氏染色结果，接种到相应的鉴定卡后上机分析，通过读取鉴定卡内各孔培养基的生长变化值确定菌株的种属（曾绮文等，2019）。

MALDI-TOF MS（基质辅助激光解吸电离飞行时间质谱）是一种基于微生物核糖体蛋白和外周蛋白特异性和保守性的菌种鉴定技术。菌体蛋白与基质结晶，吸收激光的能量后离子化，在真空电场中因质荷比不同而分离形成不同离子峰，最终形成蛋白指纹图谱。MALDI-TOF MS 具有检测速度快、灵敏度高、准确率高的特点，对于苛养菌、厌氧菌等难培养的菌株鉴定有着不可比拟的优势，对常见病原菌的鉴定准确率都在 95% 以上，但对于丝状真菌的鉴定准确率不太理想。

16S rRNA 基因测序是目前细菌鉴定的常用方法。16S rRNA 为核糖体 RNA 的一个亚基，16S rRNA 基因就是编码该亚基的、具有约 1500 bp 的 DNA 序列。16S rRNA 存在保守区和可变区，保守区反映了生物物种间的亲缘关系，可变区体现物种间的特异性。16S rRNA 基因测序从遗传物质和分子水平上对微生物进行鉴定，鉴定技术获得普遍认可。

然而，16S rRNA 测序存在以下弊端：一是异种同源性。某些细菌，尤其是乳酸菌具有几乎相同的 16S rRNA 序列，却是不同种，这就对菌株的鉴定造成极大的挑战。二是，16S rRNA 测序只能用于鉴定细菌，而目前常用的饲用微生物包括真菌，如酿酒酵母、米曲霉、黑曲霉等均不能通过 16S rRNA 进行鉴定。

宏基因组（Metagenomics），也称元基因组，利用新一代高通量测序技术（NGS）以特定环境下微生物群体基因组为研究对象，可分析微生物多样性、种群结构、进化关系等。与传统微生物研究方法相比，宏基因组测序技术规避了绝大部分微生物不能培养、痕量菌无法检测的缺点，因此可用于菌种及产品纯度的鉴定。本节内容描述了微生物饲料添加剂物种检测的试验方法，适用于微生物添加剂产品物种组成的检测。

一、原理

运用高通量测序技术对微生物饲料添加剂中微生物基因组 DNA 进行测序，再将测序结果与现有数据库中序列进行比对，从而检测样品中所有微生物种类和相对比例。

二、步骤

（一）总 DNA 的提取

1. 样品处理

（1）液体样品。充分摇匀产品，用微量移液器吸取 1 mL 至离心管，上台式离心机，12000 r/min 离心 2 min，弃上清液，收集沉淀物。如沉淀物湿重小于 0.05 g，重复此过程。

（2）固体样品。用电子天平称取 0.05～0.15 g 样品于离心管中。

2. 微生物的裂解

每个离心管加入 5～20 粒氧化锆珠和 1 mL 的裂解液，置振荡研磨仪连续震荡 3 min。

3. 核酸溶液的获得

将每个离心管插入浮漂架，置于 70℃恒温水浴锅孵育 15 min。水浴期间，每隔 5 min，轻柔颠倒 6～10 次。12000 r/min 离心 15 min 后，用微量移液器小心转移上清液至新的离心管，避免吸到下面沉淀。

4. RNA 和蛋白质的去除

用微量移液器向每个离心管加入 10 μL 的 RNA 酶 A 溶液，吹打混匀。将每个离心管插入浮漂架，置于 37℃恒温水浴锅，15 min。用微量移液器向每个离心管加入 20 μL 的蛋白酶 K 溶液，吹打混匀。将每个离心管插入浮漂架，置于 70℃恒温水浴锅，10 min。

5. 总 DNA 的吸附与漂洗

（1）用微量移液器向每个离心管加入 200 μL 的 PEG 溶液和 100 μL 的核酸吸附磁珠悬液，室温孵育 10 min，置于磁力架静置吸附 1 min，弃上清液。

（2）用微量移液器向每个离心管加入 700 μL 的 70% 的乙醇溶液，置于磁力架 1 min，弃上清液。

（3）重复 5.2。离心管室温开盖放置 5 min，使乙醇充分挥发。

6. 总 DNA 的洗脱

用微量移液器，向每个离心管加入 100 μL 的纯水，室温孵育 10 min，插入浮漂架，置于 70℃恒温水浴锅，5 min。置于磁力架静置吸附 1 min，用微量移液器转移上清液至新的离心管，做好编号，用于后续实验或放置低温冰箱 -20℃保存。

（二）核酸质量的鉴定

按 GB/T 37874—2019 中 DNA 的规定执行。提取得到的总 DNA 的浓度应大于 20 ng/μL，体积应不小于 100 μL。OD_{260}/OD_{280} 在 1.8～2.0，OD_{260}/OD_{230} 在 2.0～2.2。

（三）文库构建

文库构建按 GB/T 40226—2021 进行。

（四）高通量测序

高通量测序可自主完成或委托测序公司进行，测序方式为 PE150，获得的数据量应大于 6 Gb，Q30 不小于 80%。

（五）数据分析

1. 数据转化

可利用 bcl2fastq v2.19.0.316 或其他等效软件，将原始数据转换为 FASTQ 格式。

2. 数据质控

可利用 fastp v0.12.4 或其他等效软件，删除 N 碱基含量超过 10% 或 Q 值小于 5 的碱基超过 50% 的序列（Chen 等，2018）。

3. 物种注释

利用 Kraken2 v2.0.8 或其他等效软件，将过滤后的数据（由数据质控产生）与 Kraken 数据库或其他物种分类数据库进行序列比对，完成种属分类（Derrick 等，2019）。

4. 统计学分析

利用 Bracken v2.5 或其他等效软件，将 3 比对结果进行统计，计算每种微生物的核酸比例，得到菌种及产品纯度（Lu 等，2017）。

5. 结果展示

可利用 Python3.8 或其他等效软件，将获得的物种含量表（由统计学分析产生），进行结果展示。

第八节　饲用微生物可移动元件的测定

抗生素耐药性现已对全球公众健康造成了巨大威胁。饲用微生物若含有耐药性，就有可能向动物和人类转移，为了避免细菌抗生素耐药性向人类或动物的转移风险，必须评估这些微生物菌株的抗生素耐药性。细菌耐药性指细菌对于抗菌药物作用的耐受性。当某一种抗生素耐药性是细菌物种所固有的特性时，它通常被称为固有耐药性或自然耐药性，即某一物种其所有菌株都具有该典型特性。相反，当一个菌种的某个典型敏感菌株对某一种抗生素具有耐药性，被称为获得性耐药性。自然抗药性通常是菌属或种固有的，其中最具代表性的例子就是乳酸菌对万古霉素的抗性。在某些乳杆菌中，如干酪乳杆菌、鼠李糖乳杆菌和植物乳杆菌中，细胞壁上一种五肽末端的 D- 丙氨酸残基被 D- 乳酸所取代，阻止了万古霉素的结合，从而对万古霉素产生了抗性（Delcour 等，1999）。获得性耐药性可能是由于外源基因或原始菌株的自然突变引起（赵婷等，2014）。在某种环境下，基因从一种微生物转移到另一种微生物上，即基因交换产生了外源基因插入，就有可能产生获得性耐药性，这种抗性基因一般存在于菌体的质粒（Plasmid）或转座子上，质粒或转座子对抗性基因在细菌之间的转移起着重要作用（李姗姗，2012）。例如 Ana 等（2008）研究发现，具有四环素抗性的乳酸乳球菌中发现了编码四环素耐药基因 *tet*（*M*）的可转移因子，使得抗性基因在不含质粒的菌株之间转移。李永霞（2012）认为，微生物产生耐药性的一个重要原因是能够通过质粒之类的可移动元件（mobile genetic element，MGE）获得耐药基因，这是由于细菌之间存在广泛的水平基因转移（horizontal gene transfer，HGT）（李永霞等，2012）。可转移性质粒在细菌与细菌之间不断传递，从而使更多的细菌对抗生素产生了抵抗能力，也就是抗药性。质粒介导的耐药基因包括 *qnrA*、*blaCTX-M* 和 *mcr-1* 等（马涛等，2021）。

综上所述，饲用微生物菌株的基因组中含有抗生素抗性基因本身并非安全问题，只要该基因没有转移给其他菌株的风险。由于含有抗生素抗性基因的饲用微生物可能成为潜在致病菌抗生素抗性基因的来源，同时由于抗性基因也可能在动物和人体肠道环境中发生转移，因此，检验饲用微生物抗生素抗性的类型非常重要。若是属于固有抗性则可以使用，若是获得性抗性，还需要检测抗性是通过基因突变还是获得外源抗性基因所致，若为基因突变一般情况可以被使用，若是获得外源抗性基因则不能被使用。由于可移动元件如质粒、基因组岛、噬菌体、转座子以及整合子等是耐药基因水平转移的重要载体，因此，有必要对可移动元件进行检测。

编码耐药性的质粒称为 R 质粒，接合性 R 质粒在环境和临床细菌中分布广泛，是耐药性基因的主要传播途径（Grohmann 等，2003）。转座子即跳跃基因，是可在 DNA 分子内和 2 个 DNA 分子之间以低频率移动的 DNA 片段。据报道细菌转座子序列中 β- 内酰胺酶基因、氨基糖苷类修饰酶基因、16S rRNA 甲基化酶基因、喹诺酮作用靶位保护蛋白基因等携带率极高（Leungtongkam 等，2018）。整合子为发现于革兰氏阴性菌中的一种基因捕获和表达的遗传单位，整合子可通过对基因盒的捕获和剪切使基因盒发生移动，现已发现了多种类型的整合子，多数都携带基因盒，携带耐药基因的基因盒常位于质粒、染色体或自身作为转座子的一个组成部分而参与转移，使细菌的耐药性在病原菌中广泛传播。*optrA* 和 *poxtA* 均可导致肠球菌对噁唑烷酮类药物与酰胺醇类药物交叉耐药。单新新（2019）在对 114 株氟苯尼考耐药的猪源肠球菌中发现，*optrA* 检出率为 98.2%，*poxtA* 检出率为 57.9%。二者可以单独发生转移，也可以发生共转移。接合子和转化子的全基因组学测序获得两个质粒（单新新等，2019）。序列分析显示：pE035 为 *optrA* 和 *poxtA* 共阳性质粒，同时含有 3 个可移动遗传元件，分别携带 *dfrG*、*bcrABDR*、*aac*（A）-*aph*（D）耐药基因，可介导大环内酯类、氨基糖苷类、噁唑烷酮类、酰胺醇类、四环素类、林可胺类、甲氧苄啶、杆菌肽锌耐药。

蒋月（2014）通过药敏试验，从大型规模化养鸡场中分离出 57 株多重耐药大肠杆菌，采用 PCR 方法检测了接合性质粒、转座子和整合子共 10 种可移动遗传元件的存在情况（蒋月和盛鹏飞，2014）。结果显示，57 株鸡源大肠杆菌均为多重耐药大肠杆菌，共检出 *traA*、*trbC*、*ISEcp1*、*IS26*、*tmpA*、*tnp513*、*intI* 和 *intII* 8 种可移动遗传元件，每株多重耐药大肠杆菌均可检出可移动遗传元件，且大肠杆菌耐药种类越多，可移动遗传元件的检出也越多，同时携带相同可移动元件的多重耐药大肠杆菌也会表现出不同程度的多重耐药。

可移动遗传元件的 PCR 检测方法：

提取大肠杆菌的总 DNA 为 PCR 模板，模板 DNA 1 μL，PCR 反应体系：*Taq* 酶 0.25 μL，10×PCR Buffer 2 μL，dNTP Mixture 2 μL，上下游引物（引物设计见表 3-1）各 1 μL，灭菌蒸馏水加至 25 μL。

PCR 运行参数：94℃ 5 min；94℃ 30 s；55～60℃ 30 s；72℃ 45 s，共 30 个循环，72℃ 5 min。

PCR 产物用 1% 琼脂糖凝胶电泳分析。

表 3-1　可移动遗传元件的引物序列

扩增对象	PCR 引物序列（5'-3'）	产物长度（bp）
traA	P1：AAGTGTTCAGGGTGCTTCTGCGC	272
	P2：GTCATGTACATGATGACCATTT	
trbC	P1：CGGYATWCCGSCSACRCTGCG	255
	P2：GCCACCTGYSBGCAGTCMCC	
ISEcp1	P1：CTTCATTGGCATTGATAAGTTAG	299
	P2：TGTAGCATCGGTTTCCCAGTTTC	

续表

扩增对象	PCR 引物序列（5′-3′）	产物长度（bp）
IS26	P1：ATGAACCCATTCAAAGGCCGGCAT	387
	P2：TATGCAGCTTTGCTGTTACGACGG	
tnpA	P1：CGCTTTGTTACGCCAGTC	344
	P2：TTCAGCACGCCATAGTCG	
tnp513	P1：TCCACGGCGTCTTTGCACCG	307
	P2：TCACGCTGCTTGGCGGCATT	
tnpU	P1：CCAACTGATGGCGGTGCCTT	403
	P2：CGGTATGGTGGCTTTCGC	
intⅠ	P1：CCTCCCGCACGATGATC	280
	P2：TCCACGCATCGTCAGGC	
intⅡ	P1：TTGCGAGTATCCATAACCTG	288
	P2：TTACCTGCACTGGATTAAGC	
IntⅢ	P1：GCCTCCGGCAGCGACTTTCAG	433
	P2：GATGCTGCCCAGGGCGCTCG	

结合聚合酶链式反应分析耐药菌株携带的耐药基因和可移动遗传元件（接合性质粒遗传标记、转座子、整合子和插入序列），为饲用微生物的安全生产与监测提供参考。陈招弟（2018）对枯草芽孢杆菌、地衣芽孢杆菌、解淀粉芽杆菌、短小芽孢菌、粪肠球菌、屡肠球菌、乳杆菌的饲用微生物产品采用琼脂稀释法筛选其中的耐药菌株（陈招弟等，2018）。结果显示，9 种微生物饲料添加剂中都存在耐药菌株，100 株分离菌株对除恩诺沙星以外的 8 种抗生素都存在不同程度的耐药性，46% 的株菌同时携带氟喹诺酮类、酰胺醇类、磺胺类、四环素类、氨基糖苷类和糖肽类耐药基因，且有 15 株菌同时携带整合子——基因盒、质粒、转座子和插入序列，携带 2 种及 2 种以上可移动遗传元件的比例为 95%。

第九节　饲用微生物有效性评价

饲用微生物的作用，归根到底，要由实际饲喂试验来证实。其有效性评价主要包括机体和脏器的变化、生化指标、血液病理学的变化、耐酸和耐胆盐验证、抑菌模型的建立、黏附、定植和免疫调节等。如 Zhou 等（2000）按照 5×10^7 CFU/g、1×10^9 CFU/g 或 5×10^{10} CFU/g 干饲料重的剂量饲喂小鼠 28 d，测定饲喂后胃黏膜的厚度（MT）、肠上皮细胞的高度（EH）、隐窝深度和绒毛高度的变化，并通过 Diff-Quik Stain Set（差分快速染色液）染色法，测定其对免疫细胞（如淋巴细胞、中性粒细胞、单核细胞和嗜酸性粒细胞）的影响，同时评价其对血液指标的影响。Khochamit 等（2015）在评价芽孢杆菌对肉鸡的健康功效时，采用每只 10^{10} CFU/d 的剂量，饲喂至第 35 d，采集血液，测定胆固醇、甘油三酯、高密度和低密度脂蛋白等（Nk 等，2015）。Kotzamanidis 等（2010）通过 BALB/c 小鼠（体重在 20～25 g）和 Fisher-344 杂交大鼠模型，采用 ELISA 免疫吸附的方法和免疫组织化学分析测定 γ-干扰素（IFN-γ）、α-肿瘤坏死因子（TNF-α）和白介素-10（IL-10）等细胞因子来评价菌株的免疫功能。Scharek 等（2007）采用流式细胞仪的方法研究蜡样芽孢杆菌对免疫细胞类群的影响。Chang 等（2001）等以 2×10^6 CFU/（d·头）或 10^8 CFU/（d·头）的罗伊氏乳杆菌饲喂 28～31 日龄的长白大白仔猪 21 d，在饲喂的 0 d、3 d、7 d、14 d 和 21 d 采集粪便样品，采用传统培养方法，分析乳酸菌和肠杆菌数，测定罗伊氏乳杆菌对仔猪肠道菌群的影响。Shivaramaiah 等（2011）在研究芽孢杆菌对鸡体内病原菌的抑制作用时，建立了体内抑菌模型。Blajman（2015）和 Park（2016）在研究待测乳酸菌在肠道中的定殖情况时，先将待测乳酸菌制备成抗利福平的菌株，以便体内检测时更好地追踪，饲喂结束后在无菌条件下取出肝脏、嗉囊和盲肠；采用传统培养方法测定嗉囊和盲肠样品中待测菌数，样品中检测到的菌数被认为是在消化道中定植的菌数，之后采用脉冲场凝胶电泳（PFGE）分析以监测整个过程待测菌是否一直存在。

第十节　毒力基因的测定

由位于致病岛区域的溶血素基因 *cylL*-L、*cylL*-A 及 *cylL*-S 等编码的溶细胞素 Cyl（cytolysin）是一种细菌外毒素。它通过溶解宿主的巨噬细胞和中性粒细胞而产生免疫逃逸（吴敏等，2008）。

白耀霞（2020）利用 PCR 技术，对 70 株肠球菌进行 *cylL*-L、*cylL*-S、*cylL*-A、*ace*、*asa*-I、*acm*、*cpd*、*esp*、*gel*-E 共 9 个毒力基因进行检测分析，发现 *esp* 的携带率最高，为 61.43%；其次是 *acm*，携带率为 47.14%（白耀霞

和任建元，2020）。

反应体系 25 μL。组成为：T3 Mix 21 μL，上、下游引物各 1 μL，模板 2 μL。

反应条件为：94 ℃预变性 5 min，94 ℃ 30 s，退火 30 s（退火温度见表 3-1），72 ℃ 10 s，30 个循环，再 72 ℃延伸 1 min。

引物序列、产物片段大小见表 3-2。PCR 产物电泳后，根据片段大小进行判断。

表 3-2　毒力基因测定所用引物

毒力基因名称	引物核苷酸序列（5′-3′）		产物长度（bp）	退火温度（℃）
cylL-L	F：AACTAAGTGTTGAGGAAATG	R：AAAGACACAACTACAGTTAC	159	50
cylL-S	F：AGAACTTGTTGGTCCTTC	R：GCTGAAAATAATGCACCTAC	134	50
cylL-A	F：ACAGGTTATGCATCAGATCT	R：AATTCACTCTTGGAGCAATC	507	50
ace	F：GGAATGACCGAGAACGATGGC	R：GCTTGATGTTGGCCTGCTTCCG	616	51
asa-I	F：GCACGCTATTACGAACTATGA	R：TAAGAAAGAACATCACCACGA	375	51
acm	F：GGCCAGAAACGTAACCGATA	R：CGCTGGGGAAATCTTGTAAA	353	51
cpd	F：TGGTGGGTTATTTTTCAATTC	R：TACGGCTCTGGCTTACTA	782	50
esp	F：AGATTTCATCTTTGATTCTTGG	R：AATTGATTCTTTAGCATCTGG	500	50
gelE	F：AATTGCTTTACACGGAACGG	R：GAGCCATGGTTTCTGGTTGT	548	51

第四章
饲用微生物生产管理要求

　　饲用微生物的使用并非没有风险，饲用微生物可能对动物健康、人类健康和环境造成一系列危害，从轻微的反应到严重的、危及生命的感染。关于某一特定微生物的安全性信息不能适用于与它相近的其他微生物，因此，需要从菌株、生产工艺、包装、运输等方面进行规定，减少饲用微生物的潜在风险性。抗生素耐药性和致病性是目前菌种安全性评价的两个重要方面。抗生素耐药性评价主要参考欧洲药敏试验联合委员会（European Committee on Antimicrobial Susceptibility Testing，EUCAST）和美国临床和实验室标准化研究所（Clinical and Laboratory Standards Institute，CLSI）的药敏试验方法进行。致病性又称毒力，主要指病原菌感染宿主造成健康损害的能力（刘明和李凤琴，2018）。

　　耐药性是饲用微生物的重要指标之一，1953年，日本分离出了具有多重抗药性的痢疾杆菌，对金霉素、四环素、链霉素和磺胺类药物表现出抗药性（易庆等，2000）。人们可能通过饮食、疾病感染等方式接触这些带有可转移性抗药性质粒的细菌，一旦人体内的益生菌也获得了这些抗药性质粒，就对原来的抗生素产生了一定的耐药性。如此反复传播，人类最终对这种抗生素就不再敏感（李平兰等，2000）。因此，可用作饲用微生物的菌种应同时具备：①无耐药等有害基因。②不能通过遗传修饰获得有害基因。③不能具有有害基因转移的潜力。

　　然而，国际组织和各国对食品和饲料用菌种缺少具体的评价程序；而对农药用菌种安全性审评程序相对具体和严格，有一定参考价值。微生物农药是指利用微生物或其代谢产物，防治危害农作物的病虫或促进作物生长的活体微生物和抗生素。与传统的化学农药比较，微生物农药具有专一性强和效率高的特点，但在批准使用前需排除其对人或哺乳动物的致病性。国际上此类产品注册时均要求提供分阶段的毒性/致病性试验数据，欧盟目前仅提供了相关的方法提要，美国国家环境保护局（United States Environmental Protection Agency，EPA）制定了微生物农药致病性（OPPTS 885 系列 C 组）试验指南，包括 OPPTS 885.3050《急性经口毒性/致病性试验》、OPPTS 885.3200《急性注射毒性/致病性试验》等方法标准，详细规定了实验动物的品系、给予受试物的剂量、观察指标、结果评价等要求。其中急性经口毒性/致病性试验、急性注射毒性/致病性试验、急性经呼吸道毒性/致病性试验为必检项目。急性注射毒性/致病性试验作为一种评估特殊感染方式的高度敏感试验，一般来说，较小微生物（如细菌、病毒）采用静脉注射方式，较大的微生物（如真菌、原生动物）采用腹腔注射方式。急性经呼吸道毒性/致病性试验用于评价农药播撒引起的生产工人、播撒农民和接触人群的呼吸道感染，试验中需记录动物的致病和死亡情况，观测动物的器官病变情况，测量组织中微生物数量变化、毒素清除变化，作为评价菌种致病性的依据，并根据初步试验结果开展亚慢性毒性/致病性试验和生殖/生育影响试验。OPPTS 885 系列 C 组试验指南也是目前国际上微生物农药广泛使用的致病性评价方法。

下面分四个小节分别介绍 FAO/WHO、美国、欧盟和我国对饲用微生物的管理规范。

第一节　FAO/WHO 对饲用微生物的管理规范

2002 年，FAO/WHO 在《食品益生菌评价指南》报告中指出益生菌存在四个方面的安全风险，包括系统感染性、有毒代谢物质（生物毒素、凝血因子等）、对易感个体过度的免疫刺激以及耐药基因的转移。应针对性开展以下 8 个方面安全性评价：①抗生素耐药性的评价；②某些代谢活性物质的评价；③人体副作用的评价；④益生菌潜在、未知的有害效应的流行病学监测；⑤产毒素能力的测定；⑥溶血活性的测定；⑦用免疫抑制动物模型评价益生菌菌株感染性；⑧上市后产品消费者不良事件的流行病学监测。其中，除①外，②⑤⑥⑦为体外或体内动物试验验证，③④⑧通过人体或流行病学角度评估衡量菌种的致病性。然而针对这些问题未制定具体的评价方法，只有第⑤点提出可参照欧洲动物营养科学委员会（Scientific Committee for Animal Nutrition，SCAN）建议的方法。

第二节 美国 FDA 对饲用微生物的管理规范（GRAS）

1958 年，美国出台了《食品添加剂修正案》。该法案规定了任何食品添加剂都需要先经过美国食品药品监督管理局（Food and Drug Administration，FDA）的安全认证才可以使用。在此之后，又列出了几百种"例外"的物质。这些物质在功能上属于食品添加剂，但是因为"安全性高"而不受该法案调控。被列入这个名单的物质，要么经过了"具有充分科学背景的专家"所做的安全审查，要么是"经过长期的使用认为没有安全性问题"。这些物质被称作"一般认为安全"（Generally Recognized as Safe），简称为 GRAS，是一类完善美国 FDA 添加剂审评体系的食品原配料的安全性评价备案制度，备案对象包括碳水化合物、蛋白质、脂肪、合成或天然产物、酶制剂、发酵产物和提取物等。企业向 FDA 主动提交相关材料，其材料要求与 FDA 审批食品添加剂要求一致，需要同样数量和质量的安全性研究证据。由经过科学训练并具有经验和资质的专家组，经过科学的评价程序形成有指导意义的评估意见。

下面以植物乳杆菌 KABP-011、KABP-012 和 KABP-013 混合剂为例介绍 GRAS 对饲用微生物的管理方案。文件共分为 7 大部分，包括Ⅰ.签署的声明和证书信息；Ⅱ.标识、制造方法、规格和物理或技术效果；Ⅲ.预期用途和饮食接触；Ⅳ.应用的自控水平；Ⅴ.基于食品中常见用途的经验；Ⅵ.产品性质与安全性评价；Ⅶ.支持数据和信息列表。其中，Ⅰ包括①GRAS 备案的提交情况；②备案人的姓名和地址；③备案微生物的名称；④预期使用条件；⑤产品判定为 GRAS 的法定依据；⑥上市前豁免状态；⑦数据可用性；⑧信息自由法声明；⑨认证；⑩金融服务统计局报表；⑪备案人的姓名、职位和签名。

Ⅱ包括①GRAS 生物的名称；②GRAS 微生物的来源；③GRAS 生物体的描述；④表型鉴定；⑤基因型鉴定；⑥基因组摘要；⑦生产方法；⑧规格；⑨稳定性。

Ⅵ包括①安全摄入史；②菌株的性质；③与安全有关的问题，包括（a）抗生素耐药性，（b）抗生素耐药基因、毒力因子、可移动遗传元件，（c）生物胺，（d）乳酸；④生物安全性研究，包括（a）植物乳杆菌 KABP-011、KABP-012 和 KABP-013 31 的动物毒性研究，（b）植物乳杆菌 KABP-011、KABP-012 和 KABP-013 的人体临床研究，（c）对该物种其他菌株的研究；⑤权威机构的评价；⑥安全性评估和 GRAS 测定，包括（a）导言，（b）估计每日摄入量，（c）植物乳杆菌 KABP-011、KABP-012 和 KABP-013 的安全性；⑦关于与 GRAS 不一致的信息的声明；⑧专家小组的结论。

　　然而，GRAS 未提供菌种致病性的评价方法，但在酶制剂生产技术数据提交指南中，要求用于酶制剂的生产菌种应无致病性和产毒能力。某些非常见产毒的微生物，在有利于毒素合成的条件下可能会产生毒素，若将此类微生物用作酶制剂的生产菌种，则应调整发酵条件以防止毒素的合成；此外，还应制定合适的检测方法确保最终酶制剂不含有高于危害水平的毒素。

第三节　欧洲对益生菌安全性的评价方法

一、安全资格认定（QPS）

　　2002 年，由欧洲动物营养、食物和植物科学委员会前成员组成的科学家团队建立了安全资格认定（QBS）体系，为食品和饲料中微生物的使用提供风险评估方法。欧洲食品安全局（EFSA）自 2007 年以来一直在使用这一方法来评估微生物在食物生产链中的安全性。根据这一方法，如果某些微生物不构成安全风险或风险已知并能被消除，那么这类微生物被作为 QPS 认定。任何应用到食物链中的微生物，如果通过了 QPS 认定，将可免于复杂的上市安全评估，这样有利于节约时间和成本。而没有 QPS 认定的微生物必须开展上市前风险评估。QPS 认定只针对微生物菌种，不针对使用微生物的产品。QPS 认定所需的安全评估内容包括：①是否在菌株水平？②是否有可转移的抗性基因？③是否会产生毒素？④是否发生感染？⑤是否过度刺激免疫系统？

　　针对动物饲用微生物菌种，FEEDAP 制定了非常严格的安全性评价程序，并常被其他领域菌种安全评价参考引用。2018 年 FEEDAP 发布的《作为饲料添加剂或有机物产品的微生物特性评价导则》指出，不在 QPS 菌种名单中的细菌，应将 WGS 的结果在最新数据库（例如 VFDB、PAIDB、MvirDB、GE 等）进行检索和比对分析，以确定该菌种是否存在毒力基因；若待鉴定菌种存在毒力基因，则需要进一步通过表型试验进行验证。此外，对于真菌的安全性评价，需要根据相同种属真菌的产毒情况进行文献检索，评估其对人类或动物潜在的致病性或毒性，并结合 WGS 结果有针对性的搜索该菌株是否存在毒素代谢关键基因；在已知存在毒素代谢关键基因的情况下，则需要证明在终产品中不存在毒素或含量小于毒理学关注阈值。对于无法通过文献检索和 WGS 分析排除致病性的菌种，则需要进一步开展遗传毒性 / 致突变试验和亚慢性（90 d）经口毒性试验。此外，屎肠球菌需要根据氨苄西林的最小抑菌浓度（minimum inhibitory concentration，MIC）和 IS16、hylEfm 和 esp 基因检测结果进行综合评价。一般不建议使用蜡样芽孢杆菌，除非生物信息学分析证明不存在溶血性肠毒素相关毒力合成基因（nhe、hbl、cytK 和 ces 等）。蜡样芽孢杆菌以外的芽孢杆菌属细菌，则应进行细胞毒性试验以确定是否可以产生高浓度的非核糖体合成肽。

二、食品用微生物菌种的综述报告

2002 年，IDF 与 EFFCA 联合发布了第一版关于食品用微生物菌种的综述报告，并概述了其健康益处、安全风险和研究历史。2012 年，在第二版综述报告中提出传统食品发酵微生物存在机会致病性、毒性代谢物和毒力因子毒力问题，需要进行特定的风险评估，主要包括乳酸菌产生物胺、真菌产毒素和抗生素以及具有长期使用历史的屎肠球菌的潜在致病性。但作为行业协会综述报告，该类报告仅通过简单文献整理提出传统使用的菌种名单，尚未形成安全性评价原则或程序。

第四节　我国对饲用微生物的管理规范

一、我国部分饲用微生物存在风险

Fu 等（2020）在对辽宁某地区地下水中进行病原监测时发现了某地地下水存在含炭疽毒素的芽孢杆菌。通过基因组流行病学溯源发现，其来自附近养殖场使用的含炭疽毒素芽孢杆菌的益生菌作为饲料添加剂，随之污染了地下水；研究收集了来自中国 16 个省份的 92 个品牌的动物用益生菌产品，共分离出 123 种芽孢杆菌属益生菌，其中 45 种菌株对抗生素具有抗性，33.7% 的益生菌产品被一些重要人类病原菌如肺炎克雷伯菌（Klebsiella pneumoniae）污染（Fu 等，2019）。另外，笔者通过对饲用微生物产品近四年的动态监测，也发现部分产品确实存在如志贺杆菌、沙门菌等致病菌，部分菌株如枯草芽孢杆菌、屎肠球菌存在毒力基因和可迁移耐药基因。因此，不管是政府还是企业均需对饲用微生物加强管理。

二、我国目前存在的管理标准

在我国，饲料用菌种作为饲料添加剂，使用时与其他饲料或饲料添加剂复配使用，由农业农村部畜牧兽医局（全国饲料工作办公室）管理，组织饲料评审委员会评审。《新饲料和新饲料添加剂申报材料要求》（中华人民共和国农业部公告 第2109号，2014）规定了饲料用菌种申报要求："对于微生物及其发酵制品，应进行生产菌株安全性评价。公认安全的菌株除外"。菌种的致病性试验参考由全国饲料工作办公室制定的行业规范《新饲料、新饲料添加剂申报指南》："将鉴定的菌种接种适宜的液体培养基，在适宜的条件下培养。培养完成后，以适当的剂量，经口服途径接种适宜的动物，观察10天，观察动物的反应及死亡情况，同时进行活菌计数，确定菌种的致病性"。但并未公开可操作的具体试验方法。我国农药用菌种按照新农药由农业农村部的种植业管理司（农药管理局、植物保护办公室）管理，组织全国农药登记评审委员会审评。2012年，农业部农药检定所参照美国EPA的微生物农药致病性试验指南（OPPTS 885系列C组），转化制定了NY/T 2186《微生物农药毒理学试验准则》系列标准（农业部农药检定所，2012）。

该系列标准要求首先评价实验动物经不同途径，包括经口、经呼吸道、注射给予受试物后的毒性、感染性和致病性情况，再根据上述试验结果，判定是否需要继续进行亚慢性致病性试验、繁殖/生育影响试验。

《中华人民共和国农业农村部公告第226号》（2019）对微生物饲料添加剂（包括直接饲喂微生物、生产发酵饲料所使用的微生物），要求应提供包括微生物来源、种名（包括中文名、拉丁名、俗名或别名等）、菌株编号及其他重要信息。细菌和真菌的命名应分别符合原核生物国际命名法规和国际藻类、真菌和植物合名法规要求。

国内外菌种安全性管理区别：根据国际上关于微生物菌种的评价方法特点，可分为食品工业用菌种及饲料用菌种和微生物农药用菌种两大类。前者多来自具有长期安全使用历史的菌种，见《可用于食品的菌种名单》（卫办监督发〔2010〕65号）、《可用于婴幼儿食品的菌种名单》（卫生部公告2011年第25号）和《可用于保健食品的真菌和益生菌菌种名单》（卫法监发〔2001〕84号）以及《饲料添加剂品种目录（2013）》。

研究者通过对使用历史和研究资料梳理，发现菌种存在的安全性问题，并结合急性经口毒性或腹腔注射毒性试验进行验证。农药用菌种多为无传统使用历史的新菌种，且具有特异性毒性，因此要求开展长期、多阶段的致病性/毒性试验进行评价。在评价方法选择和具体要求上，由于食品工业用和饲料用菌种多从传统食品中分离，主要做经口或注射致病性试验，未要求急性皮肤和经呼吸道试验。由于在急性致病性试验中，任何潜在传染性或毒性表现都应排除，因此没有进一步要求亚慢性致病性试验。但是如果是新开发的生产菌，为了保障操作工人的健康安全，也有必要开展急性皮肤接触和经呼吸道致病性试验。具体步骤中，微生物农药致病性标准未提供详细的操作规程，但提出了更加详细的观测指标要求，可作为现有食品工业用菌种致病性评价方法参考。

三、饲用微生物生产管理要求

为提高部分企业饲用微生物生产管理的水平，本书以食品和饲料现有的相关标准和方法，汇总编写了如下文件，供大家交流讨论。

（一）总则

本文件规定了饲用微生物生产中所涉及的组织机构与人员、文件、厂房与设施、环境、设备、辅助材料、卫生要求、生产管理、质量管理、产品标签、出厂检验、产品销售与服务、投诉与不良反应报告等技术环节的要求，本文件适用于饲用微生物的生产管理。

（二）规范性引用文件

下列文件对于本文件的应用是必不可少的。凡是注日期的引用文件，仅所注日期的版本适用于本文件。凡是不注日期的引用文件，其最新版本（包括所有的修改单）适用于本文件。

（1）GB 3095 环境空气质量标准。

（2）GB 10648 饲料标签。

（三）术语和定义

1. 饲用微生物（Feeding microorganism）

饲用微生物是指经过筛选获得的、用以维持动物机体微生态平衡和改善动物生理生化机能，以活菌形式作为饲料添加剂或直接饲喂或用于发酵饲料的微生物。

2. 直接饲喂微生物（Direct-fed microorganisms）

指在饲料中添加或直接饲喂给动物的微生物饲料添加剂。

（四）组织机构与人员

企业应建立与饲用微生物生产和质量管理体系相适应的组织机构，规定各机构的从属关系和各自对质量管理方面的职责。

企业法定代表人或授权负责人对产品质量和本文件的实施负全部责任。

企业应配备与其生产相适应的具有相关专业知识、生产经验及组织能力的管理人员和技术人员。

企业技术负责人和质量负责人应具有相关专业大学以上学历及5年以上相关工作经历，以及与本职工作相适应的专业知识和生产实践，有能力对生产或质量管理中的实际问题做出正确判断和处理。对于生产、检验人员应经过特殊的专业技能培训。

企业应建立培训计划和考核制度，以保障各项工作的有序开展。

1. 人员资格

相关人员需参加培训并通过能力考核，持证上岗。

2. 人员培训

对无工作经验的人员需进行岗前培训及能力考核。对有工作经验的人员需进行定期培训及能力比对。

3. 人员监督

企业应设有监督部门，规范作业人员培训、考核发证程序。

（五）文件

1. 技术框架

企业应建立生产、加工、检验、运输、贮存等相关环节的技术流程及路线。

2. 规章制度

应建立菌种档案，涵盖来源、鉴定、特性、保存、传代、使用等信息，确保溯源性和稳定性。菌种信息应完整、准确、清晰的标识于菌种保藏管。

企业应建立和保留所有技术人员的教育、培训、相关的授权、能力、技能和经验的记录，并建立个人档案。

3. 批记录审核

每批产品生产完毕，由技术员负责收集批记录，并与质检员共同复核。

4. 工艺控制文件

建立定期消毒剂进行生产设备和环境消毒的车间环境卫生制度（GB/T 38503—2020《消毒剂良好生产规范》）。

（六）厂房与设施

1. 生产车间

发酵车间与吸附等后处理车间距离适当，相对隔离，有密闭且可以灭菌的传输通道。菌种的储藏间、无菌室与生产车间要相对隔离；发酵等生产关键性车间采用双路供电或备用一套发电机。

2. 关键区域

指无菌产品、已灭菌容器和密封件所暴露的环境区域。

3. 洁净区

空气悬浮粒子浓度受控的限定空间。

4. 空气过滤

生产车间或实验间

企业应包括生产用房、辅助用房、质检用房、原辅料、包装材料和成品仓储等区域，衔接应合理，并互不妨碍。生产区和仓储区应有与生产规划相适应的面积和空间。

生产车间或实验间符合相应实验室无菌级别要求。生产设备和管路应经过严格灭菌，灭菌后检测合格方可使用，避免交叉污染。

生产企业的生产、行政、生活和辅助区的总体布局应合理，不得相互妨碍。厂房应有防止昆虫和其他动物进入的设施，应有防尘防曝设施。

（七）环境

1. 生产环境

厂区空气质量达到大气环境质量标准 GB 3095 中 II 类标准要求（GB 3095—2012《环境空气质量标准》）。

2. 洁净区要求

洁净区的洁净度应达到 GB/T 25915.1 中 ISO 二级标准要求。

3. 水质要求

发酵用水达到地表水质量标准 GB 3838 中 III 类水质要求，冷却水及其他用水达到标准中 IV 类水质要求（GB 3838—2002《地表水环境质量标准》）。

（八）设备

生产过程中，为生产、加工、检验、运输、贮存等用的各种机器、设施、装置和器具。

（九）原、辅料及包装材料

应符合 GB/T 23181 的有关规定，包装材料应无毒无菌，内包装物采用符合卫生标准的材料，对产品无抑制性。

（十）卫生要求

生产的产品应符合 GB 13078—2017 饲料卫生标准。

（十一）生产管理

饲用微生物的生产工艺，应能保证其产品含有足够的活菌数量，并在有效期内保持其稳定性，同时应防止外源因子的污染。

1. 生产技术流程

饲用微生物生产一般生产技术环节为：菌种→种子扩培→发酵培养→后处理→包装→质量检验→出厂。

（1）生产用菌株。直接用于发酵增增殖的菌株，需要定期保存、传代和质量检测。

（2）来源和名称。原种是生产用菌株的母种，应来自动物体内和人体的正常菌群，或对动物体及人体无毒无害、具有促进正常菌群生长和活性作用的外籍细菌。菌株的分离过程和传代背景清晰，具备稳定的生物学和遗传学特性，并能保持稳定的活菌状态，经实验室和临床试验证明安全、有效。对原种的要求应符合农业农村部第 226 号公告和《直接饲用微生物及发酵制品生产菌株鉴定及其安全性评价指南》。包括：微生物鉴定证书、来源、无产毒性和无致病性证明材料、无可转移质粒报告等。应保证原种与申报时的菌株一致性。

（3）菌种的保存和管理。采用适宜的方式保存菌种，确保不发生污染，确保菌种不退化。定期对菌种的活力和纯度进行检查。建立菌种档案，记录菌种保存、传代、复壮等过程和条件。

（4）菌种质量控制。在使用之前，应对所用的菌种进行纯度和活力检查。若检查发现菌种不纯，出现了污染，需要进行纯化、分离；若活力达不到要求，需要进行复壮、筛选。

（5）菌种的纯化。菌种不纯时，可采用平板划线分离法或稀释分离法进行纯化。

纯化后的菌株应进行活力检查。

（6）菌种的复壮。出现下列情况之一，应进行菌种复壮：菌体形态或菌落形态发生变化；代谢活性降低，发酵周期改变；重要功能性物质的产生能力下降；其他重要特性退化或丧失。

菌种复壮方法：回接到原宿主或原分离环境进行传代培养，重新分离该菌种。分离的菌株应进行生产性能检查。

2. 发酵增殖

（1）种子扩培。原菌种应连续转接至生长旺盛后才可以使用。种子扩培过程包括试管斜面菌种→摇瓶（或固体种子培养瓶）→种子罐发酵（或种子固体发酵）培养三个阶段。

（2）培养基。培养基重要原料应满足一定的质量要求，包括成分、含量、有效期以及产地等。对新使用的发酵原料需经摇瓶或小型发酵罐试验后方可用于发酵生产。

①种子培养基。种子培养基要保证菌种生长延滞期短，生长旺盛。原料应使用易被菌体吸收利用的碳、氮源，且氮源比例较高，营养丰富完全正确，有较强的 pH 缓冲能力，最后一级种子培养基主要成分应接近发酵培养基。

②发酵培养基。发酵培养基要求接种后菌体生长旺盛，在保证一定菌体（或芽孢、孢子）密度的前提下兼顾有效代谢产物。原料应选用来源充足、价格便宜且易于利用的营养物质，一般氮源比例较种子培养基低。

可采用对发酵培养基补料流加的方法改善培养基的营养构成以达到高产。

（3）灭菌。

①高压蒸汽灭菌操作要求。液体培养基、补料罐（包括消泡剂）、管道、发酵设备以及空气过滤系统，灭菌温度为 121～125℃（压力 0.103～0.168 Mpa），0.5～1.0 h。液体培养基装料量为 50%～75% 发酵罐容积。

固体培养基物料灭菌温度为 121～130℃，1.0～2.0 h；或采用 100℃灭菌 2～4 h，24 h 后再灭菌一次。

在高温灭菌会产生对菌体生长有害物质或对易受高温破坏物料灭菌时，应采用物料分别灭菌或降低灭菌温度延长时间。

②灭菌效果检查。培养基灭菌后应进行检查。若灭菌不彻底，培养基不得使用。灭菌效果可采用显微镜染色观察法或发酵管试验法进行检查。

染色观察法：对待检测培养基无菌操作取样，在洁净载玻片上涂片、染色、镜检。若未发现菌体，初步认为灭菌彻底，培养基才可使用。若镜检发现有菌体，即可认为灭菌不彻底，需要用发酵管试验法检查，无活菌体后培养基才可使用。

发酵管试验法：用无菌操作技术将 1 mL 供试培养基加至 5 mL 已灭菌的营养肉汤中，重复三次。置于 37℃培养，24 h 无浑浊、镜检无菌体，即可认为灭菌彻底。反之，即可判定培养基灭菌不彻底。

③无菌空气。发酵生产中通入的无菌空气采用过滤除菌设备制得，空气

过滤系统应采用二级以上过滤。对制得的无菌空气按以下步骤检验合格后才可用于发酵生产。

用无菌操作技术，向装有 100～200 mL 无菌肉汤培养基的三角瓶中通入待监测滤过空气 10～15 min。三角瓶置于 37℃培养，24 h 内无浑浊，镜检无菌体即可判定合格。

3. 发酵控制

（1）接种量的要求。摇瓶种子转向种子发酵罐培养的接种量为 0.5%～5%；在多级发酵生产阶段，对生长繁殖快的菌种（代时<3 h），从一级转向下一级发酵的接种量为 5%～10%；对生长繁殖较慢的菌种（代时>6 h），接种量不低于 10%。

（2）培养温度。发酵温度应控制在 25～35℃，对特殊类型的菌种应根据其特性而定。在发酵过程中，可根据菌体的生长代谢特性在不同的发酵阶段采用不同的温度。

（3）供氧。通常采用的供氧方式是向培养基中连续补充无菌空气，并与搅拌相配合，或者采用气升式搅拌供氧。

对于好氧代谢的菌株或兼性厌氧类型菌株，培养基中的溶解氧不得低于临界氧化还原电位。

（4）物料含水量。固体发酵初期适宜发酵的物料含水量为 50%～60%。发酵结束时，应控制在 20%～40%。

（5）发酵终点判断。下列参数为发酵终点判定依据：镜检观察菌体的形态、密谋，要求芽孢菌发酵结束时芽孢形成率≥80%；监测发酵液中还原糖、总糖、氨基氮、pH 值、溶解氧浓度、光密谋及黏度等理化参数；监测发酵过程中摄氧率、CO_2 产生率、呼吸熵、氧传递系数等发酵代谢特征参数；固体发酵中物料的颜色、形态、气味、含水量等变化。

4. 后处理

后处理过程可分为发酵物同载体（物料）混合吸附和发酵物直接分装两种类型。

（1）发酵物同载体（物料）混合吸附。对载体及物料的要求如下：载体的杂菌数≤1.0×10^4 个 /g；细度、有毒有害元素（Hg、Pb、Cd、Cr、As）含量、pH 值、粪大肠菌群数、蛔虫卵死亡率值达到产品质量标准要求；有利于菌体（或芽孢、孢子）的存活。

发酵培养物与吸附载体需混合均匀，可添加保护剂或采取适当措施，减少菌体的死亡率。吸附和混合环节应注意无菌控制，避免交叉污染。

（2）发酵物直接分装。对于发酵物直接分装的产品剂型，可根据产品要求进行包装。

（3）废弃物处理。为了保证实验室的生物安全，必须及时地对实验过程中产生的废液、废气和废物进行处理。防止其感染实验人员和污染实验室及周围的环境。

实验室废弃物的处理和处置的管理应符合国家或地方法规和标准的要求，应征询相关主管部门的意见和建议。在设计和执行关于生物危害性废弃物处理、运输和废弃的规划之前，必须参考最新版的相关文件。实验室废弃物的管理目的是将操作、收集、运输、处理及处置废弃物的危险减至为零，将其对环境的危害降为零。实验室废弃物处理只可使用被承认的技术和方法，废弃物的排放应符合国家或地方规定和标准的要求。一般情况下，高压灭菌过的废弃物可以在指定垃圾场掩埋处理，或在其他地方焚烧后处理。焚烧炉内的灰烬可以作为普通家庭废弃物处理并由地方有关部门运走。

实验室应有措施和能力安全处理和处置实验室危险废物；应有对危险废物处理和处置的政策和程序，包括对排放标准及监测的规定；应评估和避免危险废物处理和处置方法本身的风险；应根据危险废物的性质和危险性按相关标准分类处理和处置废物；危险废物应弃置于专门设计的、专用的和有标识的用于处置危险废物的容器内，装量不能超过建议的装载容器；锐器（包括针头、小刀、金属和玻璃等）应直接弃置于耐扎的容器内；应由经过培训的人员处理危险废物，并应穿戴适当的个体防护装备；不应积存垃圾和实验室废物；在消毒灭菌或最终处置之前，应存放在指定的安全地方；不应从实验室取走或排放不符合相关运输或排放要求的实验室废物；应在实验室内消毒灭菌含活性高致病生物因子的废物；如果法规许可，只要包装和运输方式符合危险废物的运输要求，可以运送未处理的危险废物到指定机构处理。

下面结合食品微生物实验室介绍实验室废弃物的处理。

①废液的处理。实验室废水来自有致病菌的培养物、洗涤水以及其他诊断检测样品等。对于实验室产生的废水，应尽快消毒灭菌，严防污染扩散，要加强污染源管理。

废液处理方法有化学药剂法和热力消毒灭菌法。根据不同的处理对象和处理要求采用不同的方法对废液进行处理。

a.化学药剂法。化学消毒药剂按其杀菌由强到弱可分为灭菌剂、消毒剂、抑菌剂。废水化学法消毒最好采用相关发生器、虹吸投药法或高位槽投药法，也可以在废水入口处直接投加。投放液氯用加氯机，投放二氧化氯用二氧化氯发生器，投放次氯酸钠用发生器或液体药剂，投放臭氧用臭氧发生器，投放过氧化氢用过氧化氢发生器。

b.物理热力法。生物安全实验室物理热力法废液处理系统是通过加热方式连续对废液进行消毒灭菌处理的，目的是使废液在尽可能短的时间内得到处理，避免引起污染扩散。

连续式废液消毒灭菌是一种对生物性废液进行灭菌的新技术，主要运用于生物安全实验室废液的处理。实验室产生的废液通过双层排水管道从废液入口进入缓冲储液罐，产生的废气经过高效过滤器除菌后从透气管排出。当液面达到一定的高度时，废液出口阀门自动打开，同时启动流速控制泵。将废液以设定流速压入预加热/冷却柜进行预加热处理，之后进入电加热灭菌器，在灭菌器内废液通过电加热灭菌盘管进行高温灭菌。已灭菌的废液再进入预加热/冷却柜经缓冲管后进行冷却，冷却后的废液通过排污口排出。如需如此处理，则通过回流管回流至储液罐，或直接进行再次连续处理。预加热/冷却柜通过热交换器，使已灭菌的高温废液对进入的待处理废液进行预加热，同时自己得到冷却，以节约能源。与传统的储罐式灭菌技术相比，连续废液消毒在效率、有效性、安全性和节约成本等方面都有了很大提高。

c.混合处理法。对于生物安全实验室来说，其实验的对象种类较多，需要对废液进行不同的处理，适用于采用化学药剂和物理热力混合法处理系统。该系统将热力法连续废液灭菌系统与化学药剂处理装置结合，对废液进行热力灭菌处理和化学药剂处理，还可对灭菌系统内管道进行化学消毒。

②废气的处理。食品微生物实验室的排风、仪器设备（生物安全柜、通风柜等）的排气会带有致病微生物，这种废气如果直接排放到实验室外，将会感染人群及动物，引起流行病暴发，严重威胁人类生命健康。因此，实验室产生的废气，经过严格消毒处理后方可排放。

食品微生物实验室的污染废气主要来自实验室空调通风系统、生物安全柜、负压通风柜、干/湿热消毒灭菌器、离心机排风罩等易产生带菌、带毒气溶胶的设备的排风，以及焚烧炉排放的烟尘等。

对安装的送排风系统的实验室总体要求是控制实验室的气流方向和压力梯度，使通过初效、中效、高效三级过滤器后的气体由清洁区流向污染区；室内采用上送下排，使污染区和半污染区的气流死角和涡流降至最低程度；特别要指出的是，要确保实验室空气只能通过高效过滤器经专用排风管道排出。第一级高效过滤器应安装在实验室排风管道的前端（其他通风设备同理）。若需加装第二级排风高效过滤器，应将其串接在离第一道高效过滤器后

500 mm 以远至排风机之前的地方（选择易维护、易操作和易更换的地方，如排风机技术夹层）。高效空气过滤器的安装与更换应牢固、符合气密性要求，并应由有资质的技术人员来进行。通常高效过滤器在更换前应经过消毒灭菌，或采用可在气密袋中进行过滤器更换的位置。做应急处理时维修人员应身着防护服，更换下来的高效过滤器应立即进行消毒或焚烧。每个高效过滤器在安装、更换、维护后都应进行检测，运行期间要进行日常监视，并根据实际情况定期进行检测，以确保其性能。应能控制实验室排风系统与其他排风设备（生物安全柜、负压通风柜、动物负压隔离器、离心机排风罩等）排风的压力平衡和响应速度匹配。应安装自动连锁装置，确保实验室内不出现正压和确保其他排风设备气流不倒流。实验室的排风应经高效过滤后由排风机向空中排放。外部排风口应远离送风口，并设置在主导风的下风向，应至少高于所在建筑屋面 2 m 以上，应有防雨、防鼠、防虫设计，但不影响气体直接向上空排放。在送风和排风总管处应安装气密性密封阀，必要时可完全关闭以进行室内或风管化学熏蒸或循环消毒灭菌。

③固体废弃物的处理。固体废弃物是指人类在生产、建设、日常生活和其他活动中产生的，且对所有者在一定时间和地点已不再具有使用价值而被废弃的固态或半固态物质。

《中华人民共和国固体废物污染环境防治法》（2004 年 12 月 29 日）中规定了工业固体废物和生活垃圾污染环境的防治，并对危险废物污染环境的防治做出了特别规定。

实验室的固体废弃物来源于实验器材废物、含有传染性生物因子的废弃样本和培养物、废弃的感染动物、实验室废弃的空气净化材料等。食品微生物实验室产生的废弃物属危险废物，不能回收利用，必须经灭菌处理后丢弃或焚烧处置后填埋。固体废物由于不适当的处理、储存、运输、处置或管理上的疏忽，会对人体健康或环境造成显著的威胁。应按照《中华人民共和国固体废物污染环境防治法》的规定进行污染废物的收集、运输、储存。

所有弃置的样本、培养物和其他生物性材料应弃置于专门设计的、专用的并有标记的用于处置危险废弃物的容器内，并集中存放在指定地点。在从实验室取走之前，应通过高压灭菌、化学消毒或其他被认可的技术进行处理，然后置于密封的容器中，分类做上标记，由专人安全运出实验室。生物废弃物容器的充满量，不能超过其设计容量。利器（包括针头、小刀、金属和玻璃等）应直接弃置于耐扎容器内。培养物必须经 121 ℃ 30 min 高压灭菌。

载玻片上的活菌标本应装于密闭容器中进行高压灭菌，或经3%来苏尔溶液或5%石炭酸溶液浸泡24 h后方可丢弃。染菌后的吸管，使用后放入5%煤酚皂溶液或石炭酸液中，最少浸泡24 h（消毒液体不得低于浸泡的高度）再经121℃ 30 min高压灭菌。涂片染色冲洗片的液体，一般可直接冲入下水道，致病菌的冲洗液须冲在烧杯中，经高压灭菌后方可倒入下水道。做凝集试验用的玻片或平皿，必须高压灭菌后才能洗涤。打碎的培养物，立即用5%煤酚皂溶液或石炭酸液喷洒和浸泡被污染部位，浸泡30 min后再擦拭干净。污染的工作服或进行致病菌检测所穿的工作服、非一次性的实验帽和口罩等，应放入专用消毒袋内，经高压灭菌后方能洗涤。

实验室应确保由经过适当培训的人员，使用适当的个人防护装备和设备处理危险废弃物。不允许积存垃圾和积存实验室废弃物，已装满的容器应及时封存，在去污染或最终处置之前，应存放在指定的通常在实验室区内的安全地方。

（4）建立生产档案。每批产品的生产、检验结果应存档记录，包括检验项目、检验结果、检验人、批准人、检验日期等信息。

（5）产品质量跟踪。定期检查产品质量，并对产品建立应用档案，跟踪产品的应用情况。

（十二）质量管理

1. 菌种管理

对菌种实行全流程管理。对菌种的保管应有专人负责，单独保藏，实行双人双锁管理。应有程序和措施以保证菌种的安全，防止污染、丢失或损坏。应建立菌种档案，涵盖来源、鉴定、特性、保存、传代、使用等信息，确保溯源性和稳定性。菌种信息应完整、准确、清晰地标识于菌种保藏管。

2. 生产车间和实验室控制

生产车间或实验间符合相应实验室无菌级别要求。生产设备和管路应经过严格灭菌，灭菌后检测合格方可使用，避免交叉污染（FDA，2004）。

3. 取样和培养

采用液体培养。将种子液置于特异性条件下培养（包括厌氧或需氧、温度、时间等），培养过程中取样涂片做革兰氏染色镜检、pH值检测等，芽孢菌需要进行芽孢形成率的检测，均应符合该菌种的规定。培养结束后，取样做纯菌检查，如发现污染应予废弃。

（十三）产品标签

直接向消费者提供的产品标签标示应包括产品名称、成分表、净含量和规格、生产者和（或）经销者的名称、地址和联系方式、生产日期和保质期、贮存条件、食品生产许可证编号、产品标准代号及其他需要标示的内容。

（十四）出厂检验

出厂前，应根据产品的相关指标，对该批产品的质量进行检验和综合评价，包括感官要求、目标菌检查、活菌数测定、杂菌检查和卫生指标测定。

1. 感官要求

应包括颜色、气味和有无霉变。

2. 目标菌检查

取菌粉加入灭菌生理盐水或其他专属稀释液稀释至 1×10^3 CFU/mL，接种在特异性琼脂平皿上，每个菌种的培养特性、染色镜检和生化反应检查，应符合该菌种特征。

3. 活菌数测定

测定每克或每毫升菌粉中含有的活菌数量。活菌数测定方法按照《饲料中嗜酸乳杆菌的微生物检验》《饲料添加剂　饲用活性干酵母（酿酒酵母）》《饲用微生物制剂中枯草芽孢杆菌的检测》等方法执行。

4. 杂菌检查

方法和结果判断按 NY/T 1444 执行，如不符合规定应废弃。

5. 卫生指标

常规指标方法按表 4-1 执行。

表 4-1　微生物添加剂卫生指标要求

项目	指标	试验方法
黄曲霉素 B_1（μg/kg）	≤ 10.0	GB/T 17480
砷（以总砷计）的允许量（mg/kg）	≤ 2.0	GB/T 13079
铅（以 Pb 计）的允许量（mg/kg）	≤ 5.0	GB/T 13080
汞（以 Hg 计）的允许量（mg/kg）	≤ 0.1	GB/T 13081
镉（以 Cd 计）的允许量（mg/kg）	≤ 0.5	GB/T 13082
大肠菌群的允许量（个 /kg）	≤ 1.0×10^5	GB 4789.3
霉菌总数的允许量（个 /kg）	≤ 2.0×10^7	GB/T 13092
沙门菌的允许量	不得检出	GB/T 13091
致病菌（肠道致病菌及致病性球菌）	不得检出	GB 4789.3、GB 4789.5 和 GB 4789.10

（十五）运输和贮存

1. 运输

产品在运输过程中应避免暴晒、雨淋和受热，不得与有毒有害物品混装混运。

2. 贮存

产品应贮存于阴凉、通风、干燥处，防止暴晒、雨淋和受热，如有特殊要求应注明。

（十六）产品销售与服务

1. 要求

经营单位应取得工商营业执照、税务登记证、流通许可证等规定的证件。

2. 服务

（1）售前服务。每批应附有产品出厂检验报告并应定期提供型式检验报告。

（2）售中服务。①向顾客解答咨询，协助选购；②商品销售推介；③邮购、团购和网购；④预定；⑤缺货登记等。

（十七）投诉与不良反应报告

1. 投诉处理

应规定对顾客投诉的处理程序和要求，建立受理客户投诉通道，设立投诉电话，受理顾客投诉。

2. 不良反应报告

应规定对顾客反映的不良反应，整理形成报告，以及时与生产企业反馈，进一步查明原因，妥善处理（农业部令 2014 年第 1 号）。

四、直接饲喂微生物及发酵制品生产菌株鉴定及其安全性评价指南

为进一步规范新饲料和新饲料添加剂安全性评价工作，根据《饲料和饲料添加剂管理条例》和《新饲料和新饲料添加剂管理办法》，2021 年 11 月，农业农村部办公厅印发《直接饲喂微生物及发酵制品生产菌株鉴定及其安全性评价指南》（下面简称《指南》）（农业农村部，2021）。

《指南》包括 1）适用范围、2）基本原则、3）术语和定义、4）基本要求、5）评价方法、6）结果判定。其中，5）为《指南》的重点内容，主要涵盖①微生物鉴定，包括（a）基本信息，如菌株的属名、种名（包括学名、拉

丁名等）和菌株名称或编号。菌株的来源和改良史，包括实施的诱变步骤和遗传修饰等、（b）微生物鉴定，包括细菌鉴定、酵母菌鉴定、丝状真菌鉴定，如分子生物学分析、形态观察、生理生化检测等；② WGS 测序信息；③产毒能力和致病性，涵盖（a）国内外文献资料综述、（b）WGS 分析，包括细菌、酵母菌和丝状真菌，如菌株遗传物质中是否存在已知毒力因子的编码基因、动物致病性试验、（c）产毒实验、（d）结果分析、（e）屎肠球菌的致病性评价，如氨苄西林耐药、致病岛标记基因 *esp*、类糖基水解酶基因 *hylEfm* 和标记物 IS16、（f）芽孢杆菌的致病性评价，如肠毒素的编码基因（如非溶血性肠毒素基因 *nhe*、溶血素 BL 基因 *hbl* 和细胞毒素 K 基因 *cytK*）及呕吐素合成酶基因 *ces* 等；④抗菌药物敏感性，包括（a）表型试验，如 MIC 值测定、（b）WGS 耐药基因分析、（c）结果分析；⑤抗菌药物产生；⑥生产菌株的遗传修饰；⑦发酵制品中无生产菌株活细胞评价；⑧发酵制品中生产菌株 DNA 检测。

　　然而，《指南》仅提供了菌株鉴定及其安全性评价的基本原则、基本要求、评价方法以及结果判定，并未对菌株管理中，试验方法进行具体明确。这就需要更多的单位和科研人员参与进来，共同开发完善饲用微生物质量与安全评价的检测方法。

参考文献

白耀霞，任建元，2020. 70 株临床分离肠球菌的毒力基因检测与耐药性分析 [J]. 中国医药
科学，10(3)：153-157.

蔡春燕，杨美琴，王似锦，等，2021. 药品微生物实验室医疗废物有效灭菌方式探讨 [J]. 中
国消毒学杂志，38(12)：887-889.

曹恒春，王梦芝，王洪荣，2009. 荧光染色标记细菌法对瘤胃原虫吞噬细菌速率的研究 [J].
中国畜牧杂志 (15)：41-43.

陈秋红，孙梅，匡群，等，2011. 益生菌酪酸菌 cb-7 的生物学特性研究 [J]. 安徽农业科学
(10)：5922-5925.

陈巍，谢忠平，李文忠，2006. 实验室感染与我国生物安全防护实验室的建设要求 [J]. 中国
自然医学杂志，8(1)：72-74.

陈招弟，李健，翟倩倩，等，2018. 水产用微生态制剂耐药性评估及耐药相关遗传元件检
测 [J]. 海洋科学，42(6)：132-140.

陈召桂，郑国建，朱玲琳，2020. 液相色谱－串联质谱法测定腐乳中的生物胺 [J]. 中国酿造
(12)：160-163.

董珂，刘晶星，郭晓奎，2005. 益生菌增强机体免疫和抗肿瘤作用的分子机制 [J]. 中国微生
态学杂志，17(1)：79-80.

杜平华，2012. 2010 年 GMP 对药品生产环境的要求微生物实验室布局与环境要求 [R].
2012 新版 GMP 药品生产验证技术专题研讨会论文集 . 杭州：99-105.

龚钢明，管世敏，2010. 乳酸菌降解亚硝酸盐的影响因素研究 [J]. 食品工业 (5)：6-8.

郭科，王俐，2002. 肠道微生物与畜禽营养的关系——利用微生态制剂的理论基础 [J]. 饲料
广角 (6)：40-43.

国家环境保护总局，2002. 地表水环境质量标准：GB 3838—2002[S]. 北京：中国标准出
版社 .

国家市场监督管理总局，2020. 消毒剂良好生产规范：GB/T 38503—2020[S]. 北京：中国标
准出版社 .

国家卫生计生委，2016. 遏制细菌耐药国家行动计划（2016—2020 年）：国卫医发〔2016〕
43 号 [S].http://www.gov.cn/xinwen/2016-08/25/content_5102348.htm.

国务院，2008. 病原微生物实验室生物安全管理条例：中华人民共和国国务院令第 424 号
[S].http://www.gov.cn/zhengce/content/2008-03/28/content_6264.htm.

国务院，2009. 兽药管理条例：中华人民共和国国务院令第 325 号 [S].http://www.gov.cn/
gongbao/content/2002/content_61559.htm.

国务院，2011. 饲料和饲料添加剂管理条例：中华人民共和国国务院令 第 609 号 [S].http://

www.gov.cn/flfg/2011-11/15/content_1993910.htm.

韩冰，2005. 微生物学实验中玻璃器皿的准备 [J]. 甘肃农业 (8)：133.

何明清，康白，1984. 促菌生防治雏鸡白痢的实验研究及防治效果的观察 [J]. 大连医科大学学报 (1)：106-112.

侯玉凤，宁扬，陈晓雯，等，2021. 减抗养殖条件下益生菌在畜禽养殖业中的应用 [J]. 中国兽药杂志，55(11)：70-76.

环境保护部，2016. 环境空气质量标准：GB 3095—2012[S]. 北京：中国环境科学出版社.

黄霞，沈晋明，2002. 微生物危害和生物安全防护实验室环境控制 [J]. 洁净与空调技术 (3)：20-24.

蒋月，盛鹏飞，2014. 鸡源多重耐药大肠杆菌可移动遗传元件分析 [J]. 中国家禽，36(2)：49-51.

李德斌，赵敏，2011. 双歧杆菌冻干菌粉制备过程中保护剂的研究 [J]. 中国乳品工业，39(11)：32-34.

李剑欣，张绪梅，徐琪寿，2005. 色氨酸的生理生化作用及其应用 [J]. 氨基酸和生物资源 (3)：58-62.

李平兰，张篍，郑海涛，2000. 乳酸菌及其生物工程研究新进展 [J]. 中国乳品工业，28(4)：50-53.

李庆海，章学东，2011. 益生菌的功效及作用模式 [J]. 杭州农业与科技 (1)：43-44.

李姗姗，2012. 潜在益生乳杆菌的抗生素敏感性研究 [D]. 保定：河北农业大学.

李世贵，顾金刚，郭好礼，2002. 斜面法与橡皮塞法保藏丝状真菌的效果 [J]. 微生物学通报，29(4)：118-120.

李严，戴春晓，杨婧，等，2020. 吲哚的微生物代谢及其作为新型信号分子的研究进展 [J]. 微生物学通报，47(11)：3622-3633.

李永霞，秦礼康，孙晓岚，等，2012. 肽酶高产菌株生长特性及安全性评价 [J]. 食品与机械 (5)：26-29+82.

刘春爽，赵朝成，顾莹莹，等，2015. 微生物教学实验中菌株革兰氏染色反应快速判定 [J]. 实验技术与管理 (1)：51-53.

刘典同，王丰好，许树军，等，2009. 益生菌在畜禽生产中的应用 [J]. 山东畜牧兽医，30(6)：14.

刘龙活，1992. 橡胶塞斜面试管真空保存酒精酵母 [J]. 酿酒科技 (1)：28-29.

刘明，李凤琴，2018. 国内外食品工业用菌种致病性评价法规比较研究 [J]. 中国食品卫生杂志，30(6)：606-611.

刘小燕，雷平，2020. 沼泽红假单胞菌 r-3 对草鱼养殖及水质的影响 [J]. 湖南农业科学 (8)：72-75.

刘勇，张勇，张和平，2011. 世界益生菌安全性评价方法 [J]. 中国食品学报，11(6)：141-151.

刘支梅，1988. 圆褐固氮菌荚膜染色法改进的研究 [J]. 华中师范大学学报（自然科学版）

(1)：83-85.

柳洪洁，朱瑞良，彭军，等，2020. 微生物实验室废弃物的安全管理研究 [J]. 山东农业教育 (3)：59-62.

罗波文，邹田德，陈丽玲，等，2020. 嗜酸乳杆菌对氧化应激仔猪小肠上皮细胞抗氧化能力和紧密连接蛋白表达的影响 [J]. 动物营养学报，32(5)：2108-2115.

马涛，陆唯，李松励，等，2021. 畜禽微生物耐药组研究进展 [J]. 生物技术通报，37(1)：113-122.

马筱玲，2012. 抗菌药物敏感性试验执行标准解读 [J]. 临床检验杂志，30(10)：776-778.

乃用，2004. 筛选产过氧化氢的乳酸菌及其在抑制适冷食品传播病菌中的应用 [J]. 工业微生物，34(3)：58.

农业部，2013. 饲料添加剂品种目录（2013）：中华人民共和国农业部公告 第 2045 号 [S] http://www.moa.gov.cn/nybgb/2014/dyq/201712/t20171219_6104350.htm.

农业部，2014a. 进口饲料和饲料添加剂登记申请材料要求：中华人民共和国农业部公告 第 2109 号 [S].http://www.moa.gov.cn/gk/zcfg/nybgz/201406/t20140616_3939049.htm.

农业部，2014b. 饲料质量安全管理规范：农业部令 2014 年第 1 号 [S].http://www.moa.gov.cn/nybgb/2014/derq/201712/t20171219_6104827.htm.

农业部农药检定所，2012. 微生物农药毒理学试验准则：NY/T 2186.1-2012[S]. 北京：中国农业出版社.

农业农村部，2017. 全国遏制动物源细菌耐药行动计划（2017—2020 年）：中华人民共和国农业农村部公报第 7 期 [S].http://www.moa.gov.cn/nybgb/2017/dqq/201801/t20180103_6133925.htm.

农业农村部，2019. 新饲料添加剂申报材料要求：中华人民共和国农业农村部公告第 226 号 [S].http://www.moa.gov.cn/gk/tzgg_1/gg/201911/t20191107_6331531.htm.

农业农村部，2020. 兽药生产质量管理规范（2020 年修订）：中华人民共和国农业农村部令 2020 年第 3 号 [S].http://www.zfs.moa.gov.cn/flfg/202005/t20200515_6344129.htm.

农业农村部，2021. 直接饲喂微生物和发酵制品生产菌株鉴定及其安全性评价指南：农办牧〔2021〕43 号 [S].http://www.moa.gov.cn/govpublic/xmsyj/202111/t20211105_6381450.htm.

祁国明，2006. 病原微生物实验室生物安全 [M]. 北京：人民卫生出版社.

曲媛媛，戴春晓，张旭旺，等，2019. 吲哚——种间及跨界信号分子新成员 [J]. 生物工程学报，35(11)：2177-2188.

全国科学技术名词审定委员会，2012. 微生物学名词 [J]. 中国科技术语，14(3)：63-64.

饶正华，2003. 我国微生物饲料的研究进展及发展趋势 [J]. 饲料世界 (4)：19-21，31.

单新新，李德喜，郝文博，等，2019. 猪源肠球菌 *optrA* 和 *poxtA* 基因的检测、接合及遗传环境分析 [R]. 中国畜牧兽医学会兽医药理毒理学分会第十五次学术讨论会. 兰州：237-237.

孙雪，2005. 双歧杆菌的分离纯化及其培养技术的初步研究 [D]. 郑州：河南科技大学.

唐玉龙，2012. 平板分区划线法实验及考核标准探讨 [J]. 华夏医学，25(2)：267-269.

佟建明，2019a. 蛋鸡健康养殖的关键环节及其控制要点 [J]. 中国家禽，41(14)：1-4.

佟建明，2019b. 饲用微生物学 [M]. 北京：中国农业出版社 .

王达利，陈世玖，高振宇，等，1996. 急性失血性休克早期肠道细菌移位发生率研究 [J]. 贵州医药 (5)：275-277.

王方圆，2020. 乳酸菌缓解采食呕吐毒素污染饲粮肉鸡肝脏毒性的研究 [D]. 杨凌：西北农林科技大学 .

王会娟，王丽，路琳，等，2004. 实验室常用的微生物快速检验技术 [J]. 肉类工业 (9)：40-42.

王敬华，葛平，陈蓉，等，2015. 临床微生物实验室细菌分离接种技术的研究进展 [J]. 检验医学，30(7)：757-760.

王黎文，2014. 欧洲食品安全局动物饲料添加剂和饲料产品委员会关于动物营养中屎肠球菌的安全性评估指南 [J]. 中国饲料 (15)：37-40.

王丽凤，张和平，2011. 益生菌、胃肠道微生物和宿主之间相互作用的研究进展 [J]. 中国食品学报，11(4)：147-153.

王丽丽，2016. 乳酸菌的分离及酸奶的发酵 [J]. 食品安全导刊 (33)：135.

王鹏银，王海燕，段文娟，等，2011. 酿酒酵母源饲料添加剂的研究与应用 [J]. 饲料工业 (2)：30-35.

王庆梅，2010. 生物安全防护实验室的必备条件 [J]. 中国医学装备，7(4)：28-29.

王尊龙，2011. 饲用微生物酶制剂的介绍 [J]. 养殖技术顾问 (6)：98.

卫生部，2004. 益生菌类保健食品评审规定：卫法监发〔2001〕84 号 [S].http://www.nhc.gov.cn/wjw/gfxwj/201304/a4b531b5586d403183ccbc2068f3fa32.shtml.

卫生部，2010. 可用于食品的菌种名单：卫办监督发〔2010〕65 号 [S].http://www.nhc.gov.cn/wjw/gfxwj/201304/07bd9c8ca1de46739c24a9d311b2a9d2.shtml.

卫生部，2011. 可用于婴幼儿食品的菌种名单：卫生部公告 2011 年第 25 号 [S].http://www.nhc.gov.cn/sps/s7891/201111/a10fe4a0b1dd477c9884649220368cc2.shtml.

吴敏，陈清，胡族琼，等，2008. 粪肠球菌和屎肠球菌临床分离株的毒力因子与耐药性分析 [J]. 热带医学杂志，8(5)：433-435.

吴全珍，向维君，1996. 微生物技术应用安全性的评价方法 [J]. 职业卫生与病伤 (1)：52-54.

伍时华，黄翠姬，石媛靖，等，2004. 酸乳菌种分离纯化方法 [J]. 食品科学，25(10)：162-166.

武治昌，2004. 食用菌菌种保藏技术 [J]. 农村科技开发 (8)：29-30.

解洪业，雷良煜，2002. 饲用微生物添加剂的研究开发现状与展望 [J]. 青海畜牧兽医杂志，32(4)：40-42.

谢明勇，熊涛，关倩倩，2014. 益生菌发酵果蔬关键技术研究进展 [J]. 中国食品学报 (10)：1-9.

许丽娟，刘红，魏小武，2008. 微生物菌种的保藏方法 [J]. 现代农业科技 (16)：99+101.

杨姗姗，王晓雯，林翠苹，2021. 水产品中生物胺的研究进展 [J]. 青岛农业大学学报（自然

科学版)(1)：65-73.

杨颖，2016. 大肠杆菌 Nissle 1917 无质粒克隆菌株鞭毛表面展示功能探析 [D]. 扬州：扬州
  大学 .

叶磊，杨学敏，2009. 微生物检测技术 [M]. 北京：化学工业出版社 .

易庆，王关林，方宏筠，2000. 乳酸杆菌基因转化质粒载体系统及其基因工程研究进展 [J].
  中国微生态学杂志，12(1)：56-57，59.

曾绮文，王青柏，朱红惠，2019. 三种微生物鉴定技术的分析与应用 [J]. 轻工科技 (12)：
  15-16+25.

张姣，2018. 微生物的传代、接种技术要领 [J]. 化工设计通讯 (7)：256.

张卫凡，2017. 预混合饲料生产工艺研究与应用 [J]. 粮食与饲料工业 (8)：40-42，48.

张祥强，2007. 血球计数板法测定酵母数及出芽率时应注意的问题 [J]. 啤酒科技 (7)：30+33.

张绪利，方晓红，贾瑛，2005. 用液体石蜡保存菌种的新方法 [J]. 临床检验杂志，23(5)：
  362.

张阳玲，吴昊，乔建军，等，2020. 乳酸链球菌肽的应用及研究进展 [J]. 食品与发酵工业，
  46(7)：289-295.

赵波，马宗欣，2009. 食品微生物检验样品的采集和制备 [J]. 肉类工业 (5)：41-46.

赵婷，姚粟，徐友强，等，2014. 欧洲食品安全局 (Efsa) 细菌耐药性评估概述 [J]. 食品与发
  酵工业 (10)：162-167.

周景文，堵国成，陈坚，2011. 发酵食品有害氨 (胺) 类代谢物：形成机制和消除策略 [J].
  中国食品学报 (9)：8-25.

周相华，2005. 益生菌在畜禽生产中的应用 [J]. 山东畜牧兽医 (5)：9.

朱琳，2012. 病原微生物实验室生物安全管理探讨 [J]. 医学动物防制，28(3)：353-354.

AHMAD A，MISHRA R，2020. Different unfolding pathways of homologous alpha amylases
  from *Bacillus licheniformis* (BLA) and *Bacillus amyloliquefaciens* (BAA) in GdmCl and
  urea[J]. Int J Biol Macromol，159：667-674.

ANA BELÉN F，AMMOR M S，MAYO B，2008. Identification of tet(M) in two *Lactococcus
  lactis* strains isolated from a Spanish traditional starter-free cheese made of raw milk and
  conjugative transfer of tetracycline resistance to lactococci and enterococci[J]. Int J Food
  Microbiol，121(2)：189-194.

ARAYA M，MORELLI L，REID G，et al.，2006. Probiotics in Food. Health and Nutritional
  Properties and Guidelines for Evaluation[M]. Rome：FAO.

ATTIA Y A，AL-KHALAIFAH H，ABD EL-HAMID H S，et al.，2022. Antioxidant Status，
  Blood Constituents and Immune Response of Broiler Chickens Fed Two Types of Diets with or
  without Different Concentrations of Active Yeast[J]. Animals (Basel)，12(4)：453.

AUTHORITY E F S，2012. Guidance on the safety assessment of *Enterococcus faecium* in
  animal nutrition[J]. EFSA Journal，10(5)：2682.

BANG M S，JEONG H W，LEE Y J，et al.，2020. Complete genome sequence of clostridium butyricum strain DKU_butyricum 4-1, isolated from infant feces[J]. Microbiol Resour Announc, 9(10): e01341-01319.

BARLOW S, CHESSON A, COLLINS J D, et al., 2007. Introduction of a Qualified Presumption of Safety (QPS) approach for assessment of selected microorganisms referred to EFSA[J]. EFSA Journal, 587: 1-16.

BLAJMAN J, GAZIANO C, ZBRUN M V, et al., 2015. *In vitro* and *in vivo* screening of native lactic acid bacteria toward their selection as a probiotic in broiler chickens[J]. Res Vet Sci, 101: 50-56.

CA RIOLATO, D, ANDRIGHETTO, C, LOMBARDI, A. 2008. Occurrence of virulence factors and antibiotic resistances in *Enterococcus faecalis* and *Enterococcus faecium* collected from dairy and human samples in North Italy[J]. Food Control, 19(9): 886-892.

CHANG Y H, KIM J K, KIM H J, et al., 2001. Selection of a potential probiotic Lactobacillus strain and subsequent *in vivo* studies[J]. Antonie Van Leeuwenhoek, 80(2): 193-199.

CHEN F, GAO S S, ZHU L Q, et al., 2018. Effects of dietary *Lactobacillus rhamnosus* CF supplementation on growth, meat quality, and microenvironment in specific pathogen-free chickens[J]. Poult Sci, 97(1): 118-123.

CHEN S, ZHOU Y, CHEN Y, et al., 2018. fastp: an ultra-fast all-in-one FASTQ preprocessor[J]. Bioinformatics, 34(17): i884-i890.

CHEN Y Y, WANG Y L, WANG W K, et al., 2020. Beneficial effect of Rhodopseudomonas palustris on *in vitro* rumen digestion and fermentation[J]. Benef Microbes, 11(1): 91-99.

CHOI P, RHAYAT L, PINLOCHE E, et al., 2021. Bacillus subtilis 29784 as a feed additive for broilers shifts the intestinal microbial composition and supports the production of hypoxanthine and nicotinic acid[J]. Animals (Basel), 11(5): 1335.

CHRISTENSEN H R, FROKIAER H, PESTKA J J, 2002. Lactobacilli differentially modulate expression of cytokines and maturation surface markers in murine dendritic cells[J]. J Immunol, 168(1): 171-178.

CIANI M, LIPPOLIS A, FAVA F, et al., 2021. Microbes: Food for the Future[J]. Foods, 10(5): 971.

COSTA-DE-OLIVEIRA S, RODRIGUES A G, 2020. Candida albicans antifungal resistance and tolerance in bloodstream infections: the triad yeast-host-antifungal[J]. Microorganisms, 8(2): 154.

DE VOS W M, TILG H, VAN HUL M, et al., 2022. Gut microbiome and health: mechanistic insights[J]. Gut, 71(5): 1020-1032.

DELCOUR J, FERAIN T, DEGHORAIN M, et al., 1999. The biosynthesis and functionality of the cell-wall of lactic acid bacteria[J]. Berlin: Springer.

DERRICK E W, SALZBERG S L, et al., 2014. Kraken: ultrafast metagenomic sequence classification using exact alignments[J]. Genome Biology, 15: R46.

DIREKVANDI E, MOHAMMADABADI T, SALEM A Z M, 2020. Effect of microbial feed additives on growth performance, microbial protein synthesis, and rumen microbial population in growing lambs[J]. Transl Anim Sci, 4(4): txaa203.

DORON S, SNYDMAN D R, 2015. Risk and safety of probiotics[J]. Clin Infect Dis, 60 (Suppl 2: S129-134.

EL-SAADONY M T, ALAGAWANY M, PATRA A K, et al., 2021. The functionality of probiotics in aquaculture: An overview[J]. Fish Shellfish Immunol, 117: 36-52.

ELGHANDOUR M M Y, TAN Z L, ABU HAFSA S H, et al., 2020. *Saccharomyces cerevisiae* as a probiotic feed additive to non and pseudo-ruminant feeding: a review[J]. J Appl Microbiol, 128(3): 658-674.

FDA, 2004. Guidance for Industry. Sterile Drug Products. Produced by Aseptic Processing —Current Good Manufacturing Practice [EB/J]. http://tools.thermofisher.com/content/sfs/manuals/steraseptic.pdf.

FEEDAP, 2012. Guidance on the safety assessment of *Enterococcus faecium* in animal nutrition [J]. EFSA Journal, 10(5): 2682.

FERNANDES S, KERKAR S, D'COSTA A, et al., 2021. Immuno-stimulatory effect and toxicology studies of salt pan bacteria as probiotics to combat shrimp diseases in aquaculture[J]. Fish Shellfish Immunol, 113: 69-78.

FU S, YANG Q, HE F, et al., 2019a. National safety survey of animal-use commercial probiotics and its spillover effects from farm to human: an emerging threat to public health[J]. Clin Infect Dis, 70(11): 2386-2395.

FU S, YANG Q, HE F, et al., 2019b. National safety survey of animal-use commercial probiotics and their spillover effects from farm to humans: An emerging threat to public health[J]. Clin Infect Dis, 70(11): 2386-2395.

FU S, YANG Q, HE F, et al., 2020. National safety survey of animal-use commercial probiotics and their spillover effects from farm to humans: An emerging threat to public health[J]. Clin Infect Dis, 70(11): 2386-2395.

GORDON S, 2010. Elie Metchnikoff: father of natural immunity[J]. Eur J Microbiol Immu, 38(12): 3257-3264.

GROHMANN E, MUTH G, ESPINOSA M, 2003. Conjugative plasmid transfer in gram-positive bacteria[J]. Microbiol Mol Biol Rev, 67(2): 277-301.

GUO H, ZHAO S, XIA D, et al., 2022. The biochemical mechanism of enhancing the conversion of chicken manure to biogenic methane using coal slime as additive[J]. Bioresour Technol, 344(Pt B): 126226.

HAVENAAR R, BRINK B T, HUIS IN'T VELD J H J, 1992. Selection of strains for probiotic use[M]: Berlin: Springer.

HE Y, LIU X, DONG Y, et al., 2021. *Enterococcus faecium* PNC01 isolated from the intestinal mucosa of chicken as an alternative for antibiotics to reduce feed conversion rate in broiler chickens[J]. Microb Cell Fact, 20(1): 122.

HOQUE M R, JUNG H I, KIM I H, 2021. Effect of Yeast Culture (*Saccharomyces cerevisiae*) Supplementation on Growth Performance, Excreta Microbes, Noxious Gas, Nutrient Utilization, and Meat Quality of Broiler Chicken[J]. J Poult Sci, 58(4): 216-221.

HUYS G, VANCANNEYT M, D'HAENE K, et al., 2006. Accuracy of species identity of commercial bacterial cultures intended for probiotic or nutritional use[J]. Research in Microbiology, 157(9): 803-810.

KIELISZEK M, BLAZEJAK S, KUREK E, 2017. Binding and Conversion of Selenium in Candida utilis ATCC 9950 Yeasts in Bioreactor Culture[J]. Molecules, 22(3): 352.

KOTZAMANIDIS C, KOURELIS A, LITOPOULOU-TZANETAKI E, et al., 2010. Evaluation of adhesion capacity, cell surface traits and immunomodulatory activity of presumptive probiotic Lactobacillus strains[J]. Int J Food Microbiol, 140(2-3): 154-163.

KURUL T, 2013. Microbiology of food and animal feeding stuffs-General requirements and guidance for microbiological examinations: TS EN ISO 7218/A1-2014[S]. http://www.nssi. org.cn/nssi/front/ 108063316.html.

LEE L K, LEE M. 2008. Safety assessment of commercial Enterococcus probiotics in Korea[J]. J Microbiol Biotechn, 18(5): 942-945.

LEE B H, HSU W H, CHIEN H Y, et al., 2021. Applications of *Lactobacillus acidophilus*-Fermented mango protected clostridioides difficile infection and developed as an innovative probiotic Jam[J]. Foods, 10(7): 1631.

LEUNGTONGKAM U, THUMM EE PAK R, TASANAPAK K, et al., 2018. Acquisition and transfer of antibiotic resistance genes in association with conjugative plasmid or class 1 integrons of *Acinetobacter baumannii*[J]. PLoS One, 13(12): e0208468.

LI Y B, XU Q Q, YANG C J, et al., 2014. Effects of probiotics on the growth performance and intestinal micro flora of broiler chickens[J]. Pak J Pharm Sci, 27(3 Suppl): 713-717.

LIN K H, YU Y H, 2020. Evaluation of *Bacillus licheniformis*—Fermented feed additive as an antibiotic substitute: Effect on the growth performance, diarrhea incidence, and cecal microbiota in weaning piglets[J]. Animals (Basel), 10(9): 1649.

LIU M, XIE W, WAN X, et al., 2020. Clostridium butyricum modulates gut microbiota and reduces colitis associated colon cancer in mice[J]. Int Immunopharmacol, 88: 106862.

LIU Y, LI Y, FENG X, et al., 2018. Dietary supplementation with Clostridium butyricum modulates serum lipid metabolism, meat quality, and the amino acid and fatty acid composition of Peking ducks[J]. Poult Sci, 97(9): 3218-3229.

LU J, BREITWIESER F P, THIELEN P, et al., 2017. Bracken: estimating species abundance in metagenomics data[J]. Peer J Comput Sci, 3: e104.

LUAN S J, SUN Y B, WANG Y, et al., 2019. *Bacillus amyloliquefaciens* spray improves the growth performance, immune status, and respiratory mucosal barrier in broiler chickens[J]. Poult Sci, 98(3): 1403-1409.

MARTEAU P, SEKSIK P, JIAN R, 2002. Probiotics and health: new facts and ideas[J]. Curr Opin Biotechnol, 13(5): 486-489.

MARTINEZ N, LUQUE R, MILANI C, et al., 2018. A Gene Homologous to rRNA Methylase Genes Confers Erythromycin and Clindamycin Resistance in Bifidobacterium breve[J]. Appl Environ Microbiol, 84(10): e02888-02817.

MEDINA FERNANDEZ S, CRETENET M, BERNARDEAU M, 2019. *In vitro* inhibition of avian pathogenic *Enterococcus cecorum* isolates by probiotic Bacillus strains[J]. Poult Sci, 98(6): 2338-2346.

MICHALAK M, WOJNAROWSKI K, CHOLEWINSKA P, et al., 2021. Selected alternative feed additives used to manipulate the rumen microbiome[J]. Animals (Basel), 11(6): 1542.

MOMBACH M A, DA SILVA CABRAL L, LIMA L R, et al., 2021. Association of ionophores, yeast, and bacterial probiotics alters the abundance of ruminal microbial species of pasture intensively finished beef cattle[J]. Trop Anim Health Prod, 53(1): 172.

MORELLI L, CAPURSO L, 2012. FAO/WHO Guidelines on Probiotics[J]. J Clin Gastroenterol, 46: S1-S2.

MURAS A, ROMERO M, MAYER C, et al., 2021. Biotechnological applications of *Bacillus licheniformis*[J]. Crit Rev Biotechnol, 41(4): 609-627.

NEVELING D P, DICKS L M T, 2021. Probiotics: an Antibiotic replacement strategy for healthy broilers and productive rearing[J]. Probiotics Antimicrob Proteins, 13(1): 1-11.

NK A, SS A, PS B, et al., 2015. Antibacterial activity and genotypic-phenotypic characteristics of bacteriocin—producing *Bacillus subtilis* KKU213: Potential as a probiotic strain - ScienceDirect[J]. Microbiol Res, 170: 36-50.

PARK H J, LEE G H, JUN J, et al., 2016. Formulation and *in vivo* evaluation of probiotics-encapsulated pellets with hydroxypropyl methylcellulose acetate succinate (HPMCAS)[J]. Carbohydrate Polymers, 136: 692-699.

PARK S, LEE J W, JEREZ BOGOTA K, et al., 2020. Growth performance and gut health of *Escherichia coli*-challenged weaned pigs fed diets supplemented with a *Bacillus subtilis* direct-fed microbial[J]. Transl Anim Sci, 4(3): txaa172.

PASZTI-GERE E, CSIBRIK-NEMETH E, SZEKER K, et al., 2013. *Lactobacillus plantarum* 2142 prevents intestinal oxidative stress in optimized *in vitro* systems[J]. Acta Physiol Hung, 100(1): 89-98.

RINTTILA T, ULLE K, APAJALAHTI J, et al., 2020. Design and validation of a real-time PCR technique for assessing the level of inclusion of fungus- and yeast-based additives in feeds[J]. J Microbiol Methods, 171: 105867.

RODENHOUSE A, TALUKDER M A H, LEE J I, et al., 2022. Altered gut microbiota composition with antibiotic treatment impairs functional recovery after traumatic peripheral nerve crush injury in mice: effects of probiotics with butyrate producing bacteria[J]. BMC Res Notes, 15(1): 80.

SATORA M, MAGDZIARZ M, RZASA A, et al., 2020. Insight into the intestinal microbiome of farrowing sows following the administration of garlic (Allium sativum) extract and probiotic bacteria cultures under farming conditions[J]. BMC Vet Res, 16(1): 442.

SCHAREK L, ALTHERR B J, TOLKE C, et al., 2007. Influence of the probiotic *Bacillus cereus* var. toyoi on the intestinal immunity of piglets[J]. Vet Immunol Immunop, 120(3-4): 136-147.

SHIVARAMAIAH S, PUMFORD N R, MORGAN M J, et al., 2011. Evaluation of Bacillus species as potential candidates for direct-fed microbials in commercial poultry[J]. Poultry Sci, 90: 1574-1580.

SOUSA-SILVA M, VIEIRA D, SOARES P, et al., 2021. Expanding the Knowledge on the Skillful Yeast Cyberlindnera jadinii[J]. J Fungi (Basel), 7(1): 36.

SPEARS J L, KRAMER R, NIKIFOROV A I, et al., 2021. Safety Assessment of *Bacillus subtilis* MB40 for Use in Foods and Dietary Supplements[J]. Nutrients, 13(3): 733.

STOEVA M K, GARCIA-SO J, JUSTICE N, et al., 2021. Butyrate-producing human gut symbiont, *Clostridium butyricum*, and its role in health and disease[J]. Gut Microbes, 13(1): 1-28.

SU Y, LIU C, FANG H, et al., 2020. *Bacillus subtilis*: a universal cell factory for industry, agriculture, biomaterials and medicine[J]. Microb Cell Fact, 19(1): 173.

SUDA K, MATSUDA K, 2022. How Microbes Affect Depression: Underlying mechanisms via the gut-brain axis and the modulating role of probiotics[J]. Int J Mol Sci, 23(3): 1172.

SUSANTI D, VOLLAND A, TAWARI N, et al., 2021. Multi-omics characterization of host-derived *Bacillus* spp. probiotics for improved growth performance in poultry[J]. Front Microbiol, 12: 747845.

TOMITA Y, IKEDA T, SAKATA S, et al., 2020. Association of Probiotic *Clostridium butyricum* therapy with survival and response to immune checkpoint blockade in patients with lung cancer[J]. Cancer Immunol Res, 8(10): 1236-1242.

USAKOVA N A, NEKRASOV R V, PRAVDIN I V, et al., 2015. Mechanisms of the effects of probiotics on symbiotic digestion[J]. Izv Akad Nauk Ser Biol(5): 468-476.

WANG T, ZHANG L, WANG P, et al., 2022. *Lactobacillus coryniformis* MXJ32 administration ameliorates azoxymethane/dextran sulfate sodium-induced colitis-associated colorectal cancer via reshaping intestinal microenvironment and alleviating inflammatory response[J]. Eur J Nutr, 61(1): 85-99.

WON S, HAMIDOGHLI A, CHOI W, et al., 2020. Evaluation of potential probiotics *Bacillus subtilis* WB60, *Pediococcus pentosaceus*, and *Lactococcus lactis* on growth performance, immune response, gut histology and immune-related genes in whiteleg shrimp, litopenaeus vannamei[J]. Microorganisms，8(2)：281.

WOOD D E，LU J，LANGMEAD B，2019. Improved metagenomic analysis with Kraken 2[J]. Genome Biol，20(1).

XIA Y，WANG J，FANG X，et al.，2021. Combined analysis of metagenomic data revealed consistent changes of gut microbiome structure and function in inflammatory bowel disease[J]. J Appl Microbiol，131(6)：3018-3031.

XIE Y，LIU J，WANG H，et al.，2020. Effects of fermented feeds and ginseng polysaccharides on the intestinal morphology and microbiota composition of Xuefeng black-bone chicken[J]. PLoS One，15(8)：e0237357.

XU Q Q，YAN H，LIU X L，et al.，2014. Growth performance and meat quality of broiler chickens supplemented with Rhodopseudomonas palustris in drinking water[J]. Br Poult Sci，55(3)：360-366.

YANG J，WANG Y，LIU G，et al.，2011. Tamarix hispida metallothionein-like ThMT3，a reactive oxygen species scavenger，increases tolerance against Cd^{2+}，Zn^{2+}，Cu^{2+}，and NaCl in transgenic yeast[J]. Mol Biol Rep，38(3)：1567-1574.

ZHANG J，ZHANG W X，LI S Z，et al.，2013. A two-step fermentation of distillers' grains using *Trichoderma viride* and *Rhodopseudomonas palustris* for fish feed[J]. Bioprocess Biosyst Eng，36(10)：1435-1443.

ZHANG P，DIAO J，XIE G，et al.，2021. A complete genome sequence of the wood stem endophyte *Bacillus velezensis* BY6 strain possessing plant growth-promoting and antifungal activities[J]. Biomed Res Int，2021：3904120.

ZHANG Q，WU Y，GONG M，et al.，2021. Production of proteins and commodity chemicals using engineered *Bacillus subtilis* platform strain[J]. Essays Biochem，65(2)：173-185.

ZHANG X，GUO X，WU C，et al.，2020. Isolation，heterologous expression，and purification of a novel antifungal protein from *Bacillus subtilis* strain Z-14[J]. Microb Cell Fact，19(1)：214.

ZOU W，YE G，ZHANG K，et al.，2021. Analysis of the core genome and pangenome of *Clostridium butyricum*[J]. Genome，64(1)：51-61.

ZYOUD S H，AL-JABI S W，AMER R，et al.，2022. Global research trends on the links between the gut microbiome and cancer：a visualization analysis[J]. J Transl Med，20(1)：83.

附　录

附录1　不同饲用微生物对应的培养基及培养条件

菌株名称	培养基	培养条件
枯草芽孢杆菌	ATCC 培养基 3：营养琼脂或营养肉汤	30℃，需氧
凝结芽孢杆菌	ATCC 培养基 3：营养琼脂或营养肉汤	37℃，需氧
地衣芽孢杆菌	ATCC 培养基 3：营养琼脂或营养肉汤	37℃，需氧
两歧双歧杆菌	ATCC 培养基 2107：改良强化梭菌培养基	37℃，无氧
粪肠球菌	ATCC 培养基 44：脑心浸出液琼脂或肉汤	37℃，需氧
屎肠球菌	ATCC 培养基 44：脑心浸出液琼脂或肉汤	37℃，需氧
乳酸肠球菌	ATCC 培养基 44：脑心浸出液琼脂或肉汤	37℃，需氧
嗜酸乳杆菌	ATCC 培养基 416：乳酸杆菌 MRS 琼脂 / 肉汤	37℃，95% 空气，5% CO_2
干酪乳杆菌	ATCC 培养基 416：乳酸杆菌 MRS 琼脂 / 肉汤	37℃，95% 空气，5% CO_2
德氏乳杆菌乳酸亚种（原名：乳酸乳杆菌）	ATCC 培养基 416：乳酸杆菌 MRS 琼脂 / 肉汤	37℃，需氧
植物乳杆菌	ATCC 培养基 416：乳酸杆菌 MRS 琼脂 / 肉汤	37℃，95% 空气，5% CO_2
乳酸片球菌	ATCC 培养基 416：乳酸杆菌 MRS 琼脂 / 肉汤	37℃
戊糖片球菌	ATCC 培养基 416：乳酸杆菌 MRS 琼脂 / 肉汤	35～37℃
产朊假丝酵母	ATCC 培养基 200：YM 琼脂 或 YM 肉汤	24℃

续表

菌株名称	培养基	培养条件
酿酒酵母	ATCC 培养基 200：YM 琼脂 或 YM 肉汤	24～26℃，需氧
沼泽红假单胞菌	ATCC 培养基 18：胰蛋白酶大豆琼脂 / 肉汤	30℃，需氧黑暗培养
婴儿双歧杆菌	ATCC 培养基 2107：改良强化梭菌培养基	37℃，无氧
长双歧杆菌	ATCC 培养基 2107：改良强化梭菌培养基	37℃，无氧
短双歧杆菌	ATCC 培养基 416：乳酸杆菌 MRS 琼脂 / 肉汤	37℃，无氧
青春双歧杆菌	ATCC 培养基 2107：改良强化梭菌培养基	37℃，无氧
嗜热链球菌	ATCC 培养基 44：脑心浸出液琼脂或肉汤	37℃，需氧
罗伊氏乳杆菌	ATCC 培养基 416：乳酸杆菌 MRS 琼脂 / 肉汤	37℃，需氧
动物双歧杆菌	ATCC 培养基 2107：改良强化梭菌培养基	37℃，无氧
黑曲霉	ATCC 培养基 336：马铃薯葡萄糖琼脂（PDA）	24～26℃，需氧
米曲霉	ATCC 培养基 200：YM 琼脂 或 YM 肉汤	24～26℃，需氧
迟缓芽孢杆菌	ATCC 培养基 3：营养琼脂 或 营养肉汤	26℃
短小芽孢杆菌	ATCC 培养基 3：营养琼脂 或 营养肉汤	30℃，需氧
纤维二糖乳杆菌	ATCC 培养基 416：乳酸杆菌 MRS 琼脂 / 肉汤	37℃，需氧
发酵乳杆菌	ATCC 培养基 416：乳酸杆菌 MRS 琼脂 / 肉汤	37℃，需氧
德氏乳杆菌保加利亚亚种（原名：保加利亚乳杆菌）	ATCC 培养基 416：乳酸杆菌 MRS 琼脂 / 肉汤	37℃，95% 空气，5% CO_2
产丙酸丙酸杆菌	ATCC 培养基 416：乳酸杆菌 MRS 琼脂 / 肉汤	30℃，无氧
布氏乳杆菌	ATCC 培养基 416：乳酸杆菌 MRS 琼脂 / 肉汤	37℃，需氧
副干酪乳杆菌	ATCC 培养基 416：乳酸杆菌 MRS 琼脂 / 肉汤	37℃，95% 空气，5% CO_2
侧孢短芽孢杆菌（原名：侧孢芽孢杆菌）	ATCC 培养基 10：营养琼脂 / 含 25% 土壤提取物的肉汤（ATCC 培养基 191）	30℃
丁酸梭菌	ATCC 培养基 2107：改良强化梭菌培养基	37℃，无氧
约氏乳杆菌	ATCC 培养基 416：乳酸杆菌 MRS 琼脂 / 肉汤	37℃，95% 空气，5% CO_2

ATCC 培养基 3

营养琼脂培养基

营养琼脂	23 g
去离子水	1000 mL

在 121℃ 下进行高压灭菌

营养肉汤培养基

营养肉汤	8.0 g
去离子水	1000 mL

在 121℃ 下进行高压灭菌

从头配制配方：

营养琼脂成分

牛肉提取物	3.0 g
蛋白胨	5.0 g
琼脂	15.0 g

* 最终 pH 值为 6.8 ± 0.2

* 液体培养基不加入琼脂

ATCC 培养基 10

完全培养基

营养琼脂	23.0 g
营养肉汤	8.0 g
自来水	750.0 mL
土壤提取物（见下文）	250.0 mL

在 121℃ 下进行高压灭菌，分配到适当的容器类型中

土壤提取物

非洲紫罗兰土	154.0 g
碳酸钠	0.4 g
自来水	400.0 mL

煮 1 h 使用前过滤澄清

从头配制：

营养琼脂 / 肉汤成分

牛肉提取物	3.0 g
蛋白胨	5.0 g
* 琼脂	15.0 g

* 在肉汤培养基中省略琼脂

最终 pH 值为 6.8 ± 0.2

ATCC 培养基 18

琼脂培养基

胰蛋白酶琼脂	40 g
去离子水	1000 mL

121℃高压灭菌器

液体培养基

胰蛋白酶	30 g
去离子水	1000 mL

121℃高压灭菌器

从头配制：

胰蛋白酶大豆琼脂组成

胰蛋白胨	17 g
大豆胨	3 g
葡萄糖	2.5 g
氯化钠	5.0 g
K_2HPO_4	2.5 g
* 琼脂	15 g

最终 pH 值为 7.3 ± 0.2

* 液体培养基不加入琼脂

ATCC 培养基 44

琼脂培养基

脑心浸出液肉汤琼脂	52.0 g

去离子水	1000 mL

在 121℃ 下进行高压灭菌

培养基

脑心浸出液肉汤	37.0 g
去离子水	1000 mL

在 121℃ 下进行高压灭菌

从头配制：

小牛脑浸液	200 g
牛心浸液	250 g
蛋白胨	10.0 g
葡萄糖	2.0 g
氯化钠	5.0 g
Na_2HPO_4	2.5 g
去离子水	1000 mL

最终 pH 值为 7.4 ± 0.2

* 液体培养基不加入琼脂

建议储存温度：2～8℃

ATCC 培养基 200

琼脂培养基

YM 琼脂	41 g
去离子水	1000 mL

在 121℃ 下进行高压灭菌

液体培养基

YM 肉汤	21.0 g
去离子水	1000 mL

在 121℃ 下进行高压灭菌

从头配制：

酵母抽提物	3.0 g

麦芽提取物	3.0 g
葡萄糖	10.0 g
蛋白胨	5.0 g
琼脂（如果需要）	20.0 g
去离子水	1000 mL

pH 值 6.2 ± 0.2

ATCC 培养基 336

马铃薯葡萄糖琼脂（PDA）	39.0 g
去离子水	1000 mL

在 121℃ 下进行高压灭菌

从头配制：

马铃薯葡萄糖琼脂组合物

马铃薯丁	300.0 g
葡萄糖	20.0 g
琼脂	15.0 g
去离子水	1000 mL

在 500 mL 水中煮沸切好的土豆丁，直到彻底煮熟（约 1 h）；过滤粗棉布，加水过滤至 1000 mL，加热过滤以溶解琼脂，灭菌前加入葡萄糖，高压灭菌器 121℃

ATCC 培养基 416

琼脂培养基

乳酸杆菌 MRS 琼脂	70 g
去离子水	1000 mL

煮沸使琼脂溶解 在 121℃ 下进行高压灭菌

液体培养基

乳酸杆菌 MRS 肉汤	55.0 g
去离子水	1000 mL

在 121℃ 下进行高压灭菌

从头配制：

乳酸杆菌 MRS 肉汤成分

蛋白胨	3.0 g
牛肉提取物	10.0 g
酵母抽提物	5.0 g
葡萄糖	20.0 g
山梨醇酐单油酸酯	1.0 g
柠檬酸铵	2.0 g
醋酸钠	5.0 g
$MnSO_4 \cdot H_2O$	0.05 g
Na_2HPO_4	2.0 g
去离子水	1000 mL

最终 pH 值 6.5 ± 0.2

ATCC 培养基 2107

胰蛋白酶	10.0 g
牛肉提取物	10.0 g
酵母抽提物	3.0 g
葡萄糖	5.0 g
氯化钠	5.0 g
可溶性淀粉	1.0 g
L-半胱氨酸 HCl	0.5 g
醋酸钠	3.0 g
瑞沙苏林（0.025%）	4 mL
去离子水	1000 mL

混合原料并溶解，将 pH 值调整至 6.8 分装和高压灭菌 121℃

建议储存温度：2～8℃

附录 2　饲料添加剂品种目录

《饲料添加剂品种目录（2013）》于 2013 年 12 月 30 日由中华人民共和国农业部公告第 2045 号发布，2014 年 2 月 1 日起实施。后经农业农村部多次修订。

现根据农业部第 2045 号公告及后续发布的修订公告，将《饲料添加剂品种目录》整理汇总如下，并将根据审批及修订情况及时更新，以供各方查阅。

表 1　饲料添加剂品种目录（根据 2045 号公告及后续修订公告汇总，截至 2021 年 9 月）；

表 2　2045 号公告附录二所列新饲料和新饲料添加剂品种；

表 3　2045 号公告发布后新批准的新饲料和新饲料添加剂品种；

表 4　降低含量规格饲料添加剂品种；

表 5　生产工艺发生重大变化饲料添加剂品种。

表 1　饲料添加剂品种目录

（根据农业部 2045 号公告及后续修订公告汇总，截至 2021 年 9 月）

类 别	通用名称	适用范围
氨基酸、氨基酸盐及其类似物	L- 赖氨酸、液体 L- 赖氨酸（L- 赖氨酸含量不低于 50%）、L- 赖氨酸盐酸盐、L- 赖氨酸硫酸盐及其发酵副产物（产自谷氨酸棒杆菌、乳糖发酵短杆菌，L- 赖氨酸含量不低于 51%）、DL- 蛋氨酸、L- 苏氨酸、L- 色氨酸、L- 精氨酸、L- 精氨酸盐酸盐、甘氨酸、L- 酪氨酸、L- 丙氨酸、天（门）冬氨酸、L- 亮氨酸、异亮氨酸、L- 脯氨酸、苯丙氨酸、丝氨酸、L- 半胱氨酸、L- 组氨酸、谷氨酸、谷氨酰胺、缬氨酸、胱氨酸、牛磺酸	养殖动物
	半胱胺盐酸盐	畜禽
	L- 半胱氨酸盐酸盐	犬 [d]、猫 [d]
	蛋氨酸羟基类似物	猪、鸡、牛和水产养殖动物、犬 [d]、猫 [d]、鸭 [h]
	蛋氨酸羟基类似物钙盐	猪、鸡、牛和水产养殖动物、犬 [d]、猫 [d]
	蛋氨酸羟基类似物异丙酯 [h]	反刍动物
	N- 羟甲基蛋氨酸钙	反刍动物
	α — 环丙氨酸	鸡
维生素及类维生素	维生素 A、维生素 A 乙酸酯、维生素 A 棕榈酸酯、β- 胡萝卜素、盐酸硫胺（维生素 B_1）、硝酸硫胺（维生素 B_1）、核黄素（维生素 B_2）、盐酸吡哆醇（维生素 B_6）、氰钴胺（维生素 B_{12}）、L- 抗坏血酸（维生素 C）、L- 抗坏血酸钙、L- 抗坏血酸钠、L- 抗坏血酸 -2- 磷酸酯、L- 抗坏血酸 -6- 棕榈酸酯、维生素 D_2、维生素 D_3、天然维生素 E、dl-α- 生育酚、dl-α- 生育酚乙酸酯、亚硫酸氢钠甲萘醌（维生素 K_3）、二甲基嘧啶醇亚硫酸甲萘醌、亚硫酸氢烟酰胺甲萘醌、烟酸、烟酰胺、D- 泛醇、D- 泛酸钙、DL- 泛酸钙、叶酸、D- 生物素、氯化胆碱、肌醇、L- 肉碱、L- 肉碱盐酸盐、甜菜碱、甜菜碱盐酸盐	养殖动物
	25- 羟基胆钙化醇（25- 羟基维生素 D_3）	猪、家禽
	L- 肉碱酒石酸盐	宠物

类 别	通用名称	适用范围
矿物元素及其络（螯）合物[1]	氯化钠、硫酸钠、磷酸二氢钠、磷酸氢二钠、磷酸二氢钾、磷酸氢二钾、轻质碳酸钙、氯化钙、磷酸氢钙、磷酸二氢钙、磷酸三钙、乳酸钙、葡萄糖酸钙、硫酸镁、氧化镁、氯化镁、柠檬酸亚铁、富马酸亚铁、乳酸亚铁、硫酸亚铁、氯化亚铁、氯化铁、碳酸亚铁、氯化铜、硫酸铜、碱式氯化铜、氧化锌、氯化锌、碳酸锌、硫酸锌、乙酸锌、碱式氯化锌、氯化锰、氧化锰、硫酸锰、碳酸锰、磷酸氢锰、碘化钾、碘化钠、碘酸钾、碘酸钙、氯化钴、乙酸钴、硫酸钴、亚硒酸钠、钼酸钠、蛋氨酸铜络（螯）合物、蛋氨酸铁络（螯）合物、蛋氨酸锰络（螯）合物、蛋氨酸锌络（螯）合物、赖氨酸铜络（螯）合物、赖氨酸锌络（螯）合物、甘氨酸铜络（螯）合物、甘氨酸铁络（螯）合物、酵母铜、酵母铁、酵母锰、酵母硒、氨基酸铜络合物（氨基酸来源于水解植物蛋白）、氨基酸铁络合物（氨基酸来源于水解植物蛋白）、氨基酸锰络合物（氨基酸来源于水解植物蛋白）、氨基酸锌络合物（氨基酸来源于水解植物蛋白）	养殖动物
	赖氨酸和谷氨酸锌络合物[g]	断奶仔猪、肉仔鸡和蛋鸡
	蛋白铜、蛋白铁、蛋白锌、蛋白锰	养殖动物（反刍动物除外）
	羟基蛋氨酸类似物络（螯）合锌、羟基蛋氨酸类似物络（螯）合锰、羟基蛋氨酸类似物络（螯）合铜	奶牛、肉牛、家禽和猪
	烟酸铬、酵母铬、蛋氨酸铬、吡啶甲酸铬	猪、犬[d]、猫[d]
	丙酸铬	猪、奶牛[b]、犬[d]、猫[d]
	甘氨酸锌	猪、犬[d]、猫[d]
	丙酸锌	猪、牛和家禽
	硫酸钾	反刍动物、畜禽[e]
	三氧化二铁、氧化铜	反刍动物
	碳酸钴	反刍动物、猫、狗
	稀土（铈和镧）壳糖胺螯合盐	畜禽、鱼和虾
	乳酸锌（α-羟基丙酸锌）	生长育肥猪、家禽、犬[d]、猫[d]

类别	通用名称	适用范围
酶制剂[2]	淀粉酶（产自黑曲霉、解淀粉芽孢杆菌、地衣芽孢杆菌、枯草芽孢杆菌、长柄木霉[3]、米曲霉、大麦芽、酸解支链淀粉芽孢杆菌）	青贮玉米、玉米、玉米蛋白粉、豆粕、小麦、次粉、大麦、高粱、燕麦、豌豆、木薯、小米、大米
	α-半乳糖苷酶（产自黑曲霉）	豆粕
	纤维素酶（产自长柄木霉[3]、黑曲霉、孤独腐质霉、绳状青霉）	玉米、大麦、小麦、麦麸、黑麦、高粱
	β-葡聚糖酶（产自黑曲霉、枯草芽孢杆菌、长柄木霉[3]、绳状青霉、解淀粉芽孢杆菌、棘孢曲霉）	小麦、大麦、菜籽粕、小麦副产物、去壳燕麦、黑麦、黑小麦、高粱
	葡萄糖氧化酶（产自特异青霉、黑曲霉）	葡萄糖
	脂肪酶（产自黑曲霉、米曲霉）	动物或植物源性油脂或脂肪
	麦芽糖酶（产自枯草芽孢杆菌）	麦芽糖
	β-甘露聚糖酶（产自迟缓芽孢杆菌、黑曲霉、长柄木霉[3]）	玉米、豆粕、椰子粕
	β-半乳糖苷酶（产自黑曲霉）、菠萝蛋白酶（源自菠萝）、木瓜蛋白酶（源自木瓜）、胃蛋白酶（源自猪、小牛、小羊、禽类的胃组织）、胰蛋白酶（源自猪或牛的胰腺）	犬[d]、猫[d]
	果胶酶（产自黑曲霉、棘孢曲霉）	玉米、小麦
	植酸酶（产自黑曲霉、米曲霉、长柄木霉[3]、毕赤酵母）	玉米、豆粕等含有植酸的植物籽实及其加工副产品类饲料原料
	蛋白酶（产自黑曲霉、米曲霉、枯草芽孢杆菌、长柄木霉[3]）	植物和动物蛋白
	角蛋白酶（产自地衣芽孢杆菌）	植物和动物蛋白
	木聚糖酶（产自米曲霉、孤独腐质霉、长柄木霉[3]、枯草芽孢杆菌、绳状青霉、黑曲霉、毕赤酵母）	玉米、大麦、黑麦、小麦、高粱、黑小麦、燕麦

类 别	通用名称	适用范围
微生物	地衣芽孢杆菌、枯草芽孢杆菌、两歧双歧杆菌、粪肠球菌、屎肠球菌、乳酸肠球菌、嗜酸乳杆菌、干酪乳杆菌、德氏乳杆菌乳酸亚种（原名：乳酸乳杆菌）、植物乳杆菌、乳酸片球菌、戊糖片球菌、产朊假丝酵母、酿酒酵母、沼泽红假单胞菌、婴儿双歧杆菌、长双歧杆菌、短双歧杆菌、青春双歧杆菌、嗜热链球菌、罗伊氏乳杆菌、动物双歧杆菌、黑曲霉、米曲霉、迟缓芽孢杆菌、短小芽孢杆菌、纤维二糖乳杆菌、发酵乳杆菌、德氏乳杆菌保加利亚亚种（原名：保加利亚乳杆菌）	养殖动物
	产丙酸丙酸杆菌、布氏乳杆菌	青贮饲料、牛饲料
	副干酪乳杆菌	青贮饲料
	凝结芽孢杆菌	肉鸡、生长育肥猪和水产养殖动物、犬 d、猫 d
	侧孢短芽孢杆菌（原名：侧孢芽孢杆菌）	肉鸡、肉鸭、猪、虾
非蛋白氮	尿素、碳酸氢铵、硫酸铵、液氨、磷酸二氢铵、磷酸氢二铵、异丁叉二脲、磷酸脲、氯化铵、氨水	反刍动物
抗氧化剂	乙氧基喹啉、丁基羟基茴香醚（BHA）、二丁基羟基甲苯（BHT）、没食子酸丙酯、特丁基对苯二酚（TBHQ）、茶多酚、维生素 E、L- 抗坏血酸 -6- 棕榈酸酯	养殖动物
	迷迭香提取物	宠物
	硫代二丙酸二月桂酯、甘草抗氧化物、D- 异抗坏血酸、D- 异抗坏血酸钠、植酸（肌醇六磷酸）	犬 d、猫 d
	L- 抗坏血酸钠 h	养殖动物
防腐剂、防霉剂和酸度调节剂	甲酸、甲酸铵、甲酸钙、乙酸、双乙酸钠、丙酸、丙酸铵、丙酸钠、丙酸钙、丁酸、丁酸钠、乳酸、苯甲酸、苯甲酸钠、山梨酸、山梨酸钠、山梨酸钾、富马酸、柠檬酸、柠檬酸钾、柠檬酸钠、柠檬酸钙、酒石酸、苹果酸、磷酸、氢氧化钠、碳酸氢钠、氯化钾、碳酸钠	养殖动物
	乙酸钙	畜禽
	焦磷酸钠、三聚磷酸钠、六偏磷酸钠、焦亚硫酸钠、焦磷酸一氢三钠	宠物

类　别	通用名称		适用范围
防腐剂、防霉剂和酸度调节剂	焦亚硫酸钠		宠物、猪[c]
	二甲酸钾		猪
	氯化铵		反刍动物
	亚硫酸钠		青贮饲料
	亚硝酸钠[6]、氢氧化钙、乙二胺四乙酸二钠、乳酸钠、乳酸钙、乳酸链球菌素、ε-聚赖氨酸盐酸盐、脱氢乙酸、脱氢乙酸钠、琥珀酸、碳酸钾、焦磷酸二氢二钠、谷氨酰胺转氨酶、磷酸三钠、葡萄糖酸钠		犬[d]、猫[d]
着色剂	辣椒红、β-阿朴-8'-胡萝卜素醛、β-阿朴-8'-胡萝卜素酸乙酯、β，β-胡萝卜素-4，4-二酮（斑蝥黄）		家禽
	β-胡萝卜素		家禽、犬[d]、猫[d]
	天然叶黄素（源自万寿菊）		家禽、水产养殖动物、犬[d]、猫[d]
	红法夫酵母		水产养殖动物、观赏鱼
	虾青素		水产养殖动物、观赏鱼、犬[d]、猫[d]
	柠檬黄、日落黄、诱惑红、胭脂红、靛蓝、二氧化钛、焦糖色（亚硫酸铵法）、赤藓红		宠物
	胭脂虫红、氧化铁红、高粱红、红曲红、红曲米、叶绿素铜钠（钾）盐、栀子蓝、栀子黄、新红、酸性红、萝卜红、番茄红素		犬[d]、猫[d]
	苋菜红、亮蓝		宠物和观赏鱼
调味和诱食物质[4]	甜味物质	糖精、糖精钙、新甲基橙皮苷二氢查耳酮	猪
		索马甜[a]	养殖动物
		海藻糖、琥珀酸二钠、甜菊糖苷、5'-呈味核苷酸二钠	犬[d]、猫[d]
		糖精钠、山梨糖醇	养殖动物
	香味物质	食品用香料[5]、牛至香酚	
	其他	谷氨酸钠、5'-肌苷酸二钠、5'-鸟苷酸二钠、大蒜素	

续表

类 别	通用名称	适用范围
黏结剂、抗结块剂、稳定剂和乳化剂	α-淀粉、三氧化二铝、可食脂肪酸钙盐、可食用脂肪酸单／双甘油酯、硅酸钙、硅铝酸钠、硫酸钙、硬脂酸钙、甘油脂肪酸酯、聚丙烯酸树脂Ⅱ、山梨醇酐单硬脂酸酯、聚氧乙烯20山梨醇酐单油酸酯、丙二醇、二氧化硅、卵磷脂、海藻酸钠、海藻酸钾、海藻酸铵、琼脂、瓜尔胶、阿拉伯树胶、黄原胶、甘露糖醇、木质素磺酸盐、羧甲基纤维素钠、聚丙烯酸钠、山梨醇酐脂肪酸酯、蔗糖脂肪酸酯、焦磷酸二钠、单硬脂酸甘油酯、聚乙二醇400、磷脂、聚乙二醇甘油蓖麻酸酯	养殖动物
	二氧化硅（沉淀并经干燥的硅酸）[a]	养殖动物
	丙三醇	猪、鸡和鱼、犬[d]、猫[d]
	硬脂酸	猪、牛和家禽、犬[d]、猫[d]
	卡拉胶、决明胶、刺槐豆胶、果胶、微晶纤维素	宠物
	羟丙基纤维素、硬脂酸镁、不溶性聚乙烯聚吡咯烷酮（PVPP）、羧甲基淀粉钠、结冷胶、醋酸酯淀粉、葡萄糖酸-δ-内酯、羟丙基二淀粉磷酸酯、羟丙基淀粉、酪蛋白酸钠、丙二醇脂肪酸酯、中链甘油三酯、亚麻籽胶、乙酰化二淀粉磷酸酯、麦芽糖醇、可得然胶、聚葡萄糖	犬[c]、猫[c]
	辛烯基琥珀酸淀粉钠[a]	养殖动物
	乙基纤维素[f]、聚乙烯醇[f]	养殖动物
	紫胶[h]	养殖动物
	羟丙基甲基纤维素[c]	养殖动物
多糖和寡糖	低聚木糖（木寡糖）	鸡、猪、水产养殖动物、犬[c]、猫[c]
	低聚壳聚糖	猪、鸡和水产养殖动物、犬[c]、猫[c]
	半乳甘露寡糖	猪、肉鸡、兔和水产养殖动物
	果寡糖、甘露寡糖、低聚半乳糖	养殖动物

类别	通用名称	适用范围
多糖和寡糖	壳寡糖（寡聚 β-（1-4）-2-氨基-2-脱氧-D-葡萄糖）（n=2～10）	猪、鸡、肉鸭、虹鳟鱼、犬 c、猫 c
	β-1，3-D-葡聚糖（源自酿酒酵母）	水产养殖动物、犬 c、猫 c
	N,O-羧甲基壳聚糖	猪、鸡
其他	天然类固醇萨洒皂角苷（源自丝兰）、天然三萜烯皂角苷（源自可来雅皂角树）、二十二碳六烯酸（DHA）	养殖动物
	糖萜素（源自山茶籽饼）	猪和家禽
	乙酰氧肟酸	反刍动物
	苜蓿提取物（有效成分为苜蓿多糖、苜蓿黄酮、苜蓿皂苷）	仔猪、生长育肥猪、肉鸡、犬 d、猫 d
	杜仲叶提取物（有效成分为绿原酸、杜仲多糖、杜仲黄酮）	生长育肥猪、鱼、虾
	淫羊藿提取物（有效成分为淫羊藿苷）	鸡、猪、绵羊、奶牛
	共轭亚油酸	仔猪、蛋鸡、犬 d、猫 d
	4,7-二羟基异黄酮（大豆黄酮）	猪、产蛋家禽
	地顶孢霉培养物	猪、鸡
	紫苏籽提取物（有效成分为 α-亚油酸、亚麻酸、黄酮）	猪、肉鸡和鱼、犬 d、猫 d
	硫酸软骨素	猫、狗
	植物甾醇（源于大豆油/菜籽油，有效成分为 β-谷甾醇、菜油甾醇、豆甾醇）	家禽、生长育肥猪、犬 d、猫 d
	透明质酸、透明质酸钠、乳铁蛋白、酪蛋白磷酸肽（CPP）、酪蛋白钙肽（CCP）、二十碳五烯酸（EPA）、二甲基砜（MSM）、硫酸软骨素钠	犬 d、猫 d

注：
1 所列物质包括无水和结晶水形态；
2 酶制剂的适用范围为典型底物，仅作为推荐，并不包括所有可用底物；
3 目录中所列长柄木霉亦可称为长枝木霉或李氏木霉；

4 以一种或多种调味物质或诱食物质添加载体等复配而成的产品可称为调味剂或诱食剂，其中：以一种或多种甜味物质添加载体等复配而成的产品可称为甜味剂；以一种或多种香味物质添加载体等复配而成的产品可称为香味剂；

5 食品用香料见《食品安全国家标准 食品添加剂使用卫生标准》（GB 2760）中食品用香料名单。

6 农业农村部 21 号公告规定，亚硝酸钠仅限用于水分含量≥20% 的宠物饲料，最高限量为 100 mg/kg。

a 2014 年 7 月 24 日中华人民共和国农业部公告第 2134 号修订；

b 2015 年 6 月 3 日中华人民共和国农业部公告第 2264 号批准进口饲料添加剂丙酸铬用于奶牛；

c 2017 年 12 月 28 日中华人民共和国农业部公告第 2634 号修订；

d 2018 年 4 月 27 日中华人民共和国农业农村部公告第 21 号修订；

e 2018 年 8 月 17 日中华人民共和国农业农村部公告第 53 号修订；

f 2019 年 11 月 18 日中华人民共和国农业农村部公告第 231 号修订；

g 2020 年 8 月 26 日中华人民共和国农业农村部公告第 325 号修订；

h 2020 年 11 月 16 日中华人民共和国农业农村部公告第 356 号修订；

i 2021 年 8 月 17 日中华人民共和国农业农村部公告第 459 号修订。

表2　农业部2045号公告附录所列新饲料和新饲料添加剂品种

序号	产品名称	申请单位	适用范围	批准时间
1	藤茶黄酮	北京伟嘉人生物技术有限公司	鸡	2008年12月
2	溶菌酶	上海艾魁英生物科技有限公司	仔猪、肉鸡、犬 b、猫 b	2008年12月
3	丁酸梭菌	杭州惠嘉丰牧科技有限公司	断奶仔猪、肉仔鸡	2009年07月
4	苏氨酸锌螯合物	江西民和科技有限公司	猪	2009年12月
5	饲用黄曲霉毒素 B_1 分解酶（产自发光假蜜环菌）	广州科仁生物工程有限公司	肉鸡、仔猪	2010年12月
6	褐藻酸寡糖	大连中科格莱克生物科技有限公司	肉鸡、蛋鸡	2011年12月
7	低聚异麦芽糖	保龄宝生物股份有限公司	蛋鸡	2012年07月

注：

[a] 2014年7月24日中华人民共和国农业部公告第2134号扩大适用范围至断奶仔猪；

[b] 2018年4月27日中华人民共和国农业农村部公告第21号扩大适用范围至犬、猫。

表 3　农业部 2045 号公告发布后新批准的新饲料和新饲料添加剂品种

序号	新产品证书编号	产品名称	英文名称	申请单位	适用动物	新产品公告号	批准时间
1	新饲证字[2014]01号	N-氨甲酰谷氨酸	N-Carbamylglutamate	亚太兴牧（北京）亚太兴牧（北京）科技有限公司	妊娠母猪、花鲈和泌乳奶牛[c]	农业部公告第2091号	2014年4月
2	新饲证字[2014]02号	姜黄素	Curcumin	广州市科虎生物技术研究开发中心	淡水鱼类、肉仔鸡[b]	农业部公告第2131号	2014年7月
3	新饲证字[2014]03号	胆汁酸	Bile Acids	山东龙昌动物保健品有限公司	肉仔鸡、断奶仔猪[d]、淡水鱼类[d]	农业部公告第2131号	2014年7月
4	新饲证字[2014]04号	胍基乙酸	Guanidinoacetic Acid	北京君德同创农牧科技股份有限公司	肉仔鸡、生长育肥猪[a]	农业部公告第2167号	2014年10月
5	新饲证字[2015]01号	纽甜	Neotame	青岛诚汇双达生物科技有限公司、山东诚创医药技术开发有限公司	断奶仔猪	农业部公告第2309号	2015年10月
6	新饲证字[2015]02号	L-硒代蛋氨酸	L-Selenomethionine	绵阳市新一美化工有限公司	肉仔鸡	农业部公告第2309号	2015年10月
7	新饲证字[2015]03号	约氏乳杆菌	Lactobacillus johnsonii	北京大北农科技集团股份有限公司	断奶仔猪、蛋雏鸡	农业部公告第2309号	2015年10月
8	新饲证字[2017]01号	(2-羧乙基)二甲基溴化硫	(2-Carboxyethyl) dimethylsulfonium bromide	广州市科虎生物技术研究开发中心	淡水鱼	农业部公告第2519号	2017年4月
9	新饲证字[2019]01号	柠檬酸铜	Cupric citrate	四川省畜科饲料有限公司	断奶仔猪	农业农村部公告第162号	2019年4月

续表

序号	新产品证书编号	产品名称	英文名称	申请单位	适用动物	新产品公告号	批准时间
10	新饲证字[2019]02号	绿原酸（源自山银花，原植物为灰毡毛忍冬）	Chlorogenicacid（from Loniceraeflos, the original plant is Lonicera macranthoides Hand.-Mazz.）	北京京泰乐尔科技股份有限公司、爱迪森（北京）生物科技有限公司	肉仔鸡	农业农村部公告第217号	2019年9月

备注：

a 2017年8月31日农业部第2572号公告扩大羟基蛋氨酸乙酸适用范围至生长育肥猪；
b 2019年1月15日农业农村部公告第123号公告扩大姜黄素适用范围至肉仔鸡；
c 2019年4月16日农业农村部公告第163号公告扩大N-氨甲酰谷氨酸适用范围至花鲈和泌乳奶牛；
d 2020农业农村部公告第257号扩大其适用范围至淡水鱼和断奶仔猪。

表4　降低含量规格饲料添加剂品种

序号	通用名称	含量规格	申请单位	适用动物	产品公告号	批准时间
1	一水硫酸锌	硫酸锌含量（以Zn计）≥33.0%	杭州富阳新兴实业有限公司	养殖动物	农业部公告第2426号	2016年7月

表5　生产工艺发生重大变化饲料添加剂品种

序号	通用名称	申请单位	适用动物	产品公告号	批准时间
1	氯化钠（源于甜菜碱/甜菜碱盐酸盐联产）	山东祥维斯生物科技股份有限公司	养殖动物	农业部公告第2596号	2017年10月

附录3 直接饲喂微生物和发酵制品生产菌株鉴定及其安全性评价指南

1 适用范围

1.1 本指南规定了直接饲喂微生物和发酵制品生产菌株鉴定及其安全性评价的基本原则、基本要求、评价方法以及结果判定。

1.2 本指南适用于新饲料添加剂评审和已经批准使用的饲料添加剂再评价时，对直接饲喂微生物和发酵制品生产菌株开展的鉴定及其安全性评价，包括发酵制品中与生产菌株直接相关的安全性评价。

1.3 本指南仅涵盖直接饲喂微生物和发酵制品与生产菌株相关的鉴定及其安全性评价，产品的其他安全性评价按照相关规定和指南开展。

1.4 本指南所称微生物包括细菌、酵母和丝状真菌。其他如古菌、微藻等微生物的相关评价可参照本指南要求，采取个案分析评价。

1.5 本指南适用于通过农业转基因生物安全评价、获得农业转基因生物安全证书的转基因微生物生产菌株及其发酵制品的相关内容评价。

1.6 饲料或饲料原料发酵生产所用微生物菌株的鉴定及其安全性相关内容评价参照本指南进行。

2 术语和定义

以下术语和定义适用于本指南。

2.1 直接饲喂微生物（Direct-fed microorganisms）
在饲料中添加或直接饲喂给动物的活的微生物饲料添加剂。

2.2 发酵制品（Fermentation products）
微生物在受控制条件下，通过生命活动生产的特定代谢产物经分离、提取、纯化、精制和干燥等工艺制成的饲料添加剂，如氨基酸、维生素、酶制剂等。

2.3 抗微生物药物（Antimicrobial）
合成或天然存在的能杀死微生物或抑制其在动物或人体内生长或繁殖的活性物质，在本指南中特指抗菌药物。

注：本指南中抗菌药物包括用于人体或动物的世界卫生组织（WHO）定

义的极为重要抗菌药物（CIAs）或高度重要抗菌药物（HIAs）。

2.4　获得性耐药（Acquired antimicrobial resistance）

在对特定抗菌药物典型敏感的菌种中，由于获取外源基因或基因突变引起某一菌株对该抗菌药物产生的耐药。

2.5　关注基因（Gene of concern）

已知毒力因子的编码基因、耐药基因，以及与已知毒性化合物产生等有关的基因。

2.6　临界值（Cut-off value）

根据抗菌药物对特定微生物类群（种或属）的最低抑菌浓度（MIC）分布而设定的，用于耐药判定的值。

2.7　转基因微生物（Genetically modified microorganisms）

利用基因工程技术改变基因组构成的重组微生物。

2.8　危害（Hazard）

饲料中对人和动物健康有潜在不良影响的生物、化学或物理性因素或条件。

2.9　风险（Risk）

饲料中危害产生某种不良健康影响的可能性或严重性。

2.10　产毒能力（Toxigenicity）

微生物产生对人和动物有毒作用的活性代谢产物的能力。

2.11　致病性（Pathogenicity）

微生物感染宿主造成健康损害引起疾病的能力。

2.12　毒性（Toxicity）

微生物有毒代谢产物引起的宿主健康损伤。

3　基本原则

3.1　直接饲喂微生物和发酵制品生产菌株鉴定及其安全性评价应基于当前的科学认知开展，具体的评价试验应遵循本指南规定的一般原则，并结合直接饲喂微生物和发酵制品特征属性进行方案设计和试验实施。

3.2　直接饲喂微生物和发酵制品生产菌株鉴定及其安全性评价试验应按照国家、行业标准或参照国际组织标准检测方法、技术规范等进行，若无相关标准检测方法、技术规范则按照行业公认的检测方法进行。

3.3　直接饲喂微生物和发酵制品生产菌株鉴定及其安全性评价试验（包括检测）应由具备微生物相关专业知识和试验技能的专业人员在具备相应设

施设备的试验场所，按照规范的操作程序进行。试验应在有效的质量控制下开展，并且由试验机构指定的负责人负责。用于新饲料添加剂申报的，微生物鉴定及其安全性评价试验应由农业农村部指定的评价试验机构开展。农业农村部尚未指定评价试验机构的，应由具有相应条件和能力的检测评价机构开展。

3.4 直接饲喂微生物或发酵制品生产中使用复合菌株时，应分别针对每个菌株开展相关评价。

3.5 本指南中涉及的用于菌株安全性分析、比对、评价的相关数据库、药物名单等，应采用最新版本。

3.6 鉴于菌株在使用过程中可能产生变异或衰退，开展安全性评价时应充分考虑菌株鉴定报告及安全性评价相关检测报告的时效性。

4 基本要求

通过形态观察、生理生化检测和分子生物学分析等技术方法对直接饲喂微生物和发酵制品生产菌株进行鉴定。通过表型试验、分子生物学试验、全基因组序列（WGS）分析、相关文献资料综述等，对微生物产毒能力和致病性、抗菌药物敏感性、抗菌药物产生等特性进行评价，对直接饲喂微生物和发酵制品生产菌株安全性进行综合评估。不同微生物及生产菌株评价基本要求见表1。

表 1　菌株鉴定及其安全性评价基本要求

评价内容	章节	直接饲喂微生物		发酵制品生产菌株	
		细菌	酵母和丝状真菌	细菌	酵母和丝状真菌
微生物鉴定	5.1	√	√	√	√
产毒能力和致病性	5.3	√	√	√	√
抗菌药物敏感性	5.4	√		√	
抗菌药物产生	5.5	√	√	√	
生产菌株的遗传修饰	5.6			仅适用于转基因微生物	仅适用于转基因微生物
发酵制品中无生产菌株活细胞评价	5.7			√	√
发酵制品中生产菌株DNA检测	5.8			必要时	必要时

5　评价方法

5.1　微生物鉴定

5.1.1　基本信息

明确直接饲喂微生物和发酵制品生产菌株的来源、属名、种名（包括中文学名、拉丁学名等）和菌株名称或编号。细菌的命名应遵循原核生物系统学国际委员会（ICSP）的规定，并符合原核生物国际命名法规（ICNP）要求。酵母和丝状真菌的命名应符合国际藻类、真菌和植物命名法规（ICN）的要求。明确菌株的改良史，包括实施的诱变步骤和遗传修饰。转基因生产菌株的遗传修饰按照 5.6 的要求进行描述。

5.1.2　鉴定

直接饲喂微生物和发酵制品生产菌株应明确鉴定至少到种或亚种水平。若根据最新方法和当前知识菌株无法明确鉴定至已有物种，应进行菌株及其近缘种的系统发育分析。

5.1.2.1　细菌鉴定

综合形态观察、生理生化检测、分子生物学分析对细菌进行鉴定。

——形态观察：包括菌落颜色、形状、边缘、透明度等宏观形态观察，以及菌体大小、形状、革兰氏染色反应、是否有芽孢、芽孢的着生位置等微观形态观察。

——生理生化检测：包括碳源利用、氮源利用、氧化酶反应、过氧化氢酶反应等关键生理生化特征检测。

——分子生物学分析：如 16S rDNA 序列、持家基因序列或 WGS 等分析。用于新饲料添加剂申报的，应利用 WGS 数据进行分析鉴定。

5.1.2.2　酵母菌鉴定

综合形态观察、生理生化检测、分子生物学分析对酵母菌进行鉴定。

——形态观察：包括菌落质地、颜色、边缘等宏观形态观察，以及菌体大小、形状、是否有真假菌丝、生殖方式等微观形态观察。

——生理生化检测：包括碳源利用、糖类发酵、氮源利用等关键生理生化特征检测。

——分子生物学分析：如 26S rDNA、ITS rDNA 等特征序列或 WGS 分析。

5.1.2.3　丝状真菌鉴定

综合形态观察、分子生物学分析对丝状真菌进行鉴定。

——形态观察：包括菌落的质地、颜色、生长速度、色素的产生等宏观形态观察，以及菌丝的颜色、产孢结构的大小及发生方式、孢子颜色、形状、是否具有有性生殖结构等微观形态观察。

——分子生物学分析：如 18S rDNA 序列、ITS rDNA 序列及其他特征基因（如微管蛋白基因、钙调蛋白基因、翻译延伸因子等）序列或 WGS 分析。

5.2 WGS 测序

采用二代和三代测序技术对直接饲喂微生物和发酵制品生产菌株进行全基因组测序，获得其基因组完成图，测序报告至少应包括以下信息：

DNA 提取方法；测序方案和仪器；序列组装方法，如生物信息学方法、从头测序或重测序等；序列质量评价，如平均 Phred 得分、reads 数目、覆盖度、N50 和 K-mer 等；WGS 的 FASTA 电子文件；相对于预期基因组大小的 contigs 总长度；基因注释方法；对于酵母和丝状真菌，还需提供从相关数据库（如 BUSCO 数据库）获得的注释质量信息。

5.3　产毒能力和致病性

应通过国内外安全性评价资料综述、动物致病性试验和 WGS 分析对直接饲喂微生物和发酵制品生产菌株的产毒能力和致病性进行综合评价，其中丝状真菌还应开展产毒试验。

鉴于屎肠球菌（*Enterococcus faecium*）和芽孢杆菌（*Bacillus* spp.）已有成熟的致病性评价方法，可分别按附录 A 和附录 B 开展评价。

5.3.1　国内外文献资料综述

通过国内外文献数据检索（具体要求见附录 C），收集整理菌株的国内外使用历史、安全性评价资料，包括对人和靶动物的产毒能力和致病性的相关信息；若无该评价菌株的上述资料，应收集整理同种内其他菌株或与其相近种属的相关信息。若对菌株进行了任何降低毒性和致病性的选育（包括诱变和 / 或遗传修饰），应予以说明。

5.3.2 动物致病性试验

制备直接饲喂微生物或发酵制品生产菌株的菌悬液，将其作为受试物，通过腹腔注射和经口灌胃等途径给予实验动物，评价不同暴露途径下受试物对实验动物的致病性。动物致病性试验按照国家、行业标准方法开展。

5.3.3 WGS 分析

5.3.3.1 细菌

将菌株 WGS 与最新数据库（包括但不限于 VFDB、PAI DB、CGE 等）中存储的序列进行比对，分析菌株遗传物质中是否存在已知毒力因子的编码基因。分析结果重点关注该种或近缘种中已知毒力因子（如毒素、入侵与黏附因子）的完整编码基因。结果至少应包括如下信息：基因名称、定位（染色体或质粒）、编码蛋白的功能、覆盖度（序列长度覆盖度≥70%）、相似性百分比（输入序列与数据库中序列的匹配度≥80%）和 e 值（＜10^{-5}）等。

5.3.3.2　酵母和丝状真菌

若菌株有 WGS 数据，则通过定向搜索确定菌株是否存在与产毒相关的已知代谢途径。

5.3.4　产毒试验

对于丝状真菌，应在多种基质和条件下（单品种固体、多品种固体复合、不同成分液体组合等）进行产毒试验，并按照国家标准检测方法或国际组织规定的标准检测方法进行已知毒性化合物含量检测。

对于发酵制品生产菌株，若产毒试验检测到已知毒性化合物，还应通过检测分析证明发酵制品中不含该化合物或该含量下风险无须关注。

5.3.5　结果分析

5.3.5.1　动物致病性试验显示受试物组动物在试验期间出现中毒症状或死亡，或试验期间体重等指标与对照组相比有显著性差异时，则判定菌株具有致病性。

5.3.5.2　产毒试验检测到已知毒性化合物时，则判定丝状真菌菌株具有产毒能力。

5.3.5.3　动物致病性试验显示无致病性的微生物，但 WGS 分析存在以下情况的，需结合国内外文献资料综述、毒力因子编码基因或产毒代谢相关基因发挥作用的机制、相关基因变为活性基因的可能性等情况进行综合判断。对于发酵制品生产菌株，还应结合生产工艺、终产品中生产菌株和已知毒性化合物的存在情况等进行综合判断。

——WGS 分析显示存在已知毒力因子的编码基因（或产毒代谢相关基因）的细菌或酵母；

——产毒试验未检测到已知毒性化合物，但 WGS 分析显示存在产毒代谢相关基因的丝状真菌。

5.4　抗菌药物敏感性

直接饲喂微生物和发酵制品生产菌株为细菌的，应开展抗菌药物敏感性评价。通过开展测定抗菌药物 MIC 值的表型试验和 WGS 分析，评价菌株是否具有获得性耐药。

5.4.1 表型试验

至少对菌株进行附录 D 所列抗菌药物 MIC 值的测定。对于附录 D 中未列出的细菌，革兰氏阳性菌应选择附录 D 中"棒状杆菌和其他革兰氏阳性菌"规定的抗菌药物，革兰氏阴性菌应选择附录 D 中"肠杆菌科"规定的抗菌药物。

MIC 值测定应采用琼脂或肉汤二倍梯度稀释法进行定量测定，采用国际或国内标准方法，如 EUCAST、CLSI、ISO、WS 等标准方法。除非抗菌药物不适用定量方法进行测定，否则不得采用定性或半定量方法（如扩散法）间接测定 MIC 值。

MIC 测定通常应选择药物敏感性试验专用培养基，如 Muelle-Hinton 或 IsoSensitest 培养基。对于某些特定菌种或菌株，可以根据微生物特性选择其他针对性培养基，如某些乳酸菌和双歧杆菌的乳酸菌药物敏感性试验培养基（LSM）。试验过程中应同时关注培养基组分（如对氨基苯甲酸、胸苷、甘氨酸、二价阳离子等）、试验类型（肉汤微量稀释或琼脂稀释）和培养条件（如 pH 值、温度、培养时间）等因素对某些抗菌药物敏感水平的潜在影响。

通过将测定的 MIC 值与附录 D 中给出的各抗菌药物的临界值进行比较，以区分耐药菌株和敏感菌株。

——MIC 值≤临界值时，认为菌株对该抗菌药物敏感；

——MIC 值＞临界值时，认为菌株对该抗菌药物耐药。

对于附录 D 中未列出的细菌，测定的 MIC 值应与该种或相关种的已发表文献值进行比较。

5.4.2 WGS 耐药基因分析

对菌株 WGS 进行分析，检测对用于人或动物的抗菌药物（WHO 发布的 CIAs 或 HIAs）耐药的编码基因或起促进作用的基因。对菌株 WGS 进行分析时，应将其与最新耐药基因分析数据库进行比对，如 CARD 和 ResFinder 等。分析结果重点关注抗菌药物耐药性完整编码基因，至少应包括如下信息：基因名称、定位（染色体或质粒）、编码蛋白的功能、覆盖度（序列长度覆盖度≥70%）、相似性百分比（输入序列与数据库中序列的匹配度≥80%）和 e 值（＜10^{-5}）等。

5.4.3 结果分析

5.4.3.1 当测定的 MIC 值≤临界值（附录 D），若通过 WGS 分析未发现选定抗菌药物的耐药基因，则认为菌株不具有获得性耐药；若通过 WGS 分析检测到选定抗菌药物的耐药基因时，应评估耐药基因变为活性基因的可能性

（如与活性基因序列进行比较等），并进行综合判断菌株是否具有获得性耐药。

5.4.3.2　当测定的 MIC 值＞临界值（附录 D），若通过 WGS 分析未发现与选定抗菌药物表型相关的已知耐药基因，则认为菌株不具有获得性耐药；若通过 WGS 分析检测到与抗菌药物表型直接相关的已知耐药基因，则认为菌株具有获得性耐药。

5.4.3.3　对所有菌株，若通过 WGS 分析，发现存在除附录 D 中选定抗菌药物以外的其他 CIAs 或 HIAs 的耐药基因，则应分别测定对应抗菌药物的 MIC 值，并与文献值进行比较：

——当 MIC 值≤文献值，应评估耐药基因变为活性基因的可能性（如与活性基因序列进行比较等），并进行综合判断菌株是否具有获得性耐药；

——当 MIC 值＞文献值，则认为菌株具有获得性耐药。

5.5　抗菌药物产生

应对直接饲喂微生物和发酵制品生产菌株是否产生人或动物用抗菌药物（WHO 发布的 CIAs 或 HIAs）进行评价，已知不产生人或动物用抗菌药物的微生物菌种除外。产品生产过程中若使用任何抗菌药物，应予以说明。

应评价培养物上清液对抗菌药物敏感的参考菌株的抑菌活性。推荐 EUCAST、CLSI 等相关方法中的参考菌株，也可使用国家级菌种保藏中心的等效菌株，也可根据实际生产情况增加参考菌株。若检测结果显示拟评价菌株培养物上清液对一种或一种以上参考菌株出现抑菌活性，应对抑菌物质进行鉴定，确定其是否为人或动物用抗菌药物。

若用于发酵制品的生产菌株能产生人或动物用抗菌药物，应证明发酵制品中无抗菌药物残留。应明确说明用于抗菌药物残留检测样品的具体采样阶段。样品应来自工业化生产线，若尚无工业化产品，可采用中试产品。

5.6　生产菌株的遗传修饰

若发酵制品生产菌株为转基因微生物，应对菌株遗传修饰信息进行如下描述。

5.6.1　遗传修饰目的

说明遗传修饰的目的，以及遗传修饰后微生物表型和代谢相关的特性及其变化。

5.6.2　遗传修饰的序列特征

详细描述插入、缺失、碱基对置换或移码突变等遗传修饰的序列特征。

5.6.2.1　插入序列

转基因微生物的插入序列可来自特定生物体，也可以通过设计获得。当插入的 DNA 是由不同来源的序列组合而成时，应分别提供每条序列的相关信息。

（1）来源于特定供体的 DNA

提供供体生物属和种水平的分类学信息。若序列来自环境样品，应提供与其最近的直系同源基因。对插入序列的描述应包括以下内容：

——所有插入元件的核苷酸序列，包括功能注释以及所有功能元件的物理图谱；

——插入元件的结构和功能，包括编码和非编码区；

——编码蛋白质的名称，推导的氨基酸序列和功能，提供编码酶的 EC 编号（如有）。

（2）设计序列

设计序列是非自然存在的基因序列，如密码子优化基因、合理设计嵌合 / 合成基因或包含嵌合序列的基因等。描述应包括以下内容：

——设计原理和策略；

——DNA 序列和功能元件的物理图谱；

——推导氨基酸序列和编码蛋白质的功能；

——应通过与最新数据库（如 ENA、NCBI、UniProt 等）比对，确定重组蛋白的功能结构域，并描述数据库中与插入序列相似性最高的蛋白信息。

5.6.2.2 缺失序列

对有意缺失的序列进行描述，并说明预期效果。

5.6.2.3 碱基对替换和移码突变

应对引入的碱基对替换和 / 或移码突变进行说明，并说明其预期效果。

5.6.3 遗传修饰结构分析

推荐采用 WGS 进行生产菌株遗传修饰结构的特征分析。

5.6.3.1 细菌遗传修饰结构分析

用于新饲料添加剂申报的，应利用 WGS 分析菌株遗传修饰的结构特征。应提供包括遗传修饰的所有基因组区域（染色体、重叠群或质粒）图谱或图示的详细说明，包括：

——插入、修饰或缺失的开放阅读框（ORF）。应详细描述每个 ORF 的基因产物信息，至少包括氨基酸序列、功能和代谢作用。重点描述引入的关注基因，包括毒力 / 产毒、产临床相关抗菌药物、耐药性等相关基因。

——插入、缺失、修饰的非编码序列。对序列（如启动子、终止子等）的作用和功能进行描述。

可通过比较转基因微生物与未经修饰的受体菌株的 WGS 完成上述分析。应对用于分析和比较的序列 / 数据库及方法进行详细说明。

5.6.3.2　酵母或丝状真菌遗传修饰结构分析

对于可获得 WGS 的酵母或丝状真菌，按照 5.6.3.1 进行遗传修饰结构分析。

对于无法获得 WGS 的酵母或丝状真菌，应对遗传修饰的所有步骤进行描述。所提供的信息应能识别所有可能引入受体微生物中的遗传物质。主要包括载体特征、遗传修饰过程、残留的载体或供体 DNA 结构及关注基因。

（1）载体特征

描述载体的来源和类型（质粒、噬菌体、病毒、转座子），若使用了辅助质粒，也应予以描述；提供所有功能元件和其他载体元件位置图谱，并对该图谱进行详细阐述，用以标识每个元件，包括编码和非编码序列、复制和转移的位点、调控元件、耐药基因及其大小、来源和作用等信息。

（2）遗传修饰过程信息

应对遗传修饰过程进行详细描述，包括 DNA 插入、缺失、替换或改造至受体的方法，以及筛选转基因微生物的方法；说明引入的 DNA 在微生物中的存在位置，明确插入基因是否在载体上，或是插入到染色体和 / 或真核微生物的细胞器（如线粒体）中。

（3）转基因微生物中残留的载体和 / 或供体核酸结构

详细说明实际插入、替换或修饰序列的位置图谱；对于序列缺失的情况，必须提供缺失区域的大小和功能。

（4）关注基因

对插入到转基因微生物中的任何关注基因进行明确说明。

若在遗传修饰过程中可能引入关注基因（包括遗传修饰过程中使用的载体、辅助质粒以及用于转化的质粒 / 复制子序列中的关注基因），应通过检测证明转基因微生物中不存在该关注基因。

检测应采用适宜的方法，如 Southern 杂交或 PCR。

——Southern 杂交应设置适宜的阳性和阴性对照。应说明所使用探针的长度、位置，琼脂糖凝胶中 DNA 的上样量及印迹前的凝胶图像。阳性对照的浓度应为生产菌株每个基因组中靶片段的1～10 个拷贝。若使用多个探针，则应采用独立的试验分别进行测定。

——PCR 扩增应设置阳性对照和阴性对照。阳性对照应包括两种：含有遗传修饰过程中引入的关注基因的对照；用于排除 PCR 抑制的对照。

5.7 发酵制品中无生产菌株活细胞评价

发酵制品中应不含有生产菌株活细胞。应详细描述生产过程中去除或灭活微生物的处理工艺步骤，并通过检测证明发酵制品中无生产菌株活细胞。

采用可培养方法检测产品中是否存在生产菌株活细胞。具体的样品采集、样品前处理、培养条件、质控试验和鉴定确认要求见附录 E。

对于由相同上游发酵工艺（包括发酵、提取等）生产的中间产品，经不同后处理工艺（如与载体或稀释剂混合、包被等）获得的不同配方添加剂产品，应至少对发酵中间产品进行评价。若为不同发酵生产体系生产的产品，应对每个产品分别评价。

5.8 发酵制品中生产菌株 DNA 检测

以下两类发酵制品应开展生产菌株 DNA 残留检测：

（1）生产菌株为非转基因微生物，但携带获得性耐药基因的；

（2）生产菌株为转基因微生物。

采用特异 PCR 方法对生产菌株特定 DNA 片段（如获得性耐药基因、遗传修饰目的基因）进行检测。特异 PCR 方法涉及的样品采集、DNA 提取、PCR 扩增和质控要求见附录 F。

6 结果判定

本部分仅涉及微生物（直接饲喂微生物和发酵制品生产菌株）相关安全性评价结果。

6.1 直接饲喂微生物

6.1.1 细菌

——不具有获得性耐药、不产生临床相关抗菌药物、无致病性 / 产毒能力的菌株判定为无危害。

——具有获得性耐药的菌株判定为具有危害，对靶动物和添加剂暴露物种具有风险，不建议用于直接饲喂微生物的生产。

——具有致病性 / 产毒能力，或产生人或动物用抗菌药物的菌株判定为具有危害，对敏感靶动物和添加剂暴露物种具有风险，不建议用于直接饲喂微生物的生产。

6.1.2 酵母和丝状真菌

——无致病性 / 产毒能力且不产生临床相关抗菌药物的菌株判定为无危害。

——具有致病性 / 产毒能力，或产生人或动物用抗菌药物的菌株判定为具有危害，对敏感靶动物和添加剂暴露物种具有风险，不建议用于直接饲喂微生物的生产。

6.2　非转基因发酵制品生产菌株

6.2.1　细菌

——不具有获得性耐药、不产生临床相关抗菌药物、无致病性/产毒能力的生产菌株判定为无危害，发酵制品无生产菌株引起的风险。

——具有获得性耐药的生产菌株判定为具有危害。若生产菌株携带获得性耐药基因，并且在发酵制品中检测到长度足以覆盖耐药基因的完整 DNA 片段，则发酵制品对靶动物和暴露物种具有风险，不建议该菌株用于发酵制品的生产；若发酵制品中未检出生产菌株相关耐药基因 DNA 片段，则认为不具有风险。

——具有产毒能力，或产生临床相关抗菌药物的生产菌株判定为具有危害，发酵制品对敏感靶动物和暴露物种具有风险，不建议该菌株用于发酵制品的生产，除非证明发酵制品中不存在相关毒素或抗菌药物。

6.2.2　酵母和丝状真菌

——不产生临床相关抗菌药物且无致病性/产毒能力的生产菌株判定为无危害，发酵制品无生产菌株引起的风险。

——具有产毒能力，或产生临床相关抗菌药物的生产菌株判定为具有危害，发酵制品对敏感靶动物和暴露物种具有风险，不建议该菌株用于发酵制品的生产，除非证明发酵制品中不存在相关毒素或抗菌药物。

6.3　转基因发酵制品生产菌株

6.3.1　细菌

——不具有获得性耐药、不产生临床相关抗菌药物、无致病性/产毒能力、遗传修饰未引入/改变关注基因，且按照 5.8 所述方法，在发酵制品中未检出生产菌株重组 DNA 的生产菌株判定为无危害，发酵制品无生产菌株引起的风险。

——具有获得性耐药的生产菌株判定为具有危害。若发酵制品生产菌株携带获得性耐药基因，并在发酵制品中检测到耐药基因的完整 DNA 片段，则发酵制品对靶动物和暴露物种具有风险，不建议该菌株用于发酵制品的生产；若发酵制品中未检出生产菌株相关耐药基因 DNA 片段，则认为不具有风险。

——若生产菌株具有产毒能力，或产生临床相关抗菌药物，则菌株判定为具有危害，发酵制品对敏感靶动物和暴露物种具有风险，不建议该菌株用于发酵制品的生产，除非证明发酵制品中不存在相关毒素或抗菌药物。

6.3.2　酵母和丝状真菌

——无致病性 / 无产毒能力、不产生临床相关抗菌药物、遗传修饰未引入 / 改变关注基因，且按照 5.8 所述方法，在发酵制品中未检出生产菌株重组 DNA 的菌株判定为无危害，发酵制品无生产菌株引起的风险。

——具有产毒能力，或产生临床相关抗菌药物的生产菌株判定为具有危害，发酵制品对敏感靶动物和暴露物种具有风险，不建议该菌株用于发酵制品的生产，除非证明发酵制品中不存在相关毒素或抗菌药物。

附录 A
屎肠球菌致病性评价方法

屎肠球菌（*E. faecium*）包括两个类群。其中一个类群主要为分离自健康个体粪便的菌株，其特征是对氨苄西林敏感。另一个类群主要为临床分离株，其特征是对氨苄西林耐药。屎肠球菌致病性评价中，除对氨苄西林耐药性进行评价外，致病岛标记基因 *esp*、类糖基水解酶基因 *hylEfm* 和标记物 *IS16* 也是屎肠球菌评价的关注点。

按照 5.4.1 的方法测定氨苄西林对屎肠球菌的 MIC 值。

——若 MIC 值>2 mg/L，则认为该菌株对氨苄西林耐药，判定菌株具有致病性。

——若 MIC 值≤2 mg/L，则认为该菌株对氨苄西林敏感，还应利用 WGS 分析是否含有遗传元件 *esp*、*hylEfm* 和 *IS16*。若未检测到上述三种遗传元件，则判定该菌株不具有致病性危害。若检测到上述三种遗传元件中的一种或多种，则判定该菌株具有致病性。

附录 B
芽孢杆菌致病性评价方法

蜡样芽孢杆菌群（*Bacillus cereus* group）菌种普遍存在产毒能力，不建议将其用于直接饲喂微生物和发酵制品生产。如确需使用，应对菌株进行动物致病性试验和 WGS 分析。若动物致病性试验显示受试物组动物在试验期间出现中毒症状或死亡，或试验期间体重等指标与对照组相比有显著性差异时，则判定菌株具有致病性。若无动物致病性，但 WGS 分析发现菌株具有肠毒素的编码基因（如非溶血性肠毒素基因 *nhe*、溶血素 BL 基因 *hbl* 和细胞毒素

K 基因 *cytK*）及呕吐素合成酶基因 *ces* 或相似基因，则判定菌株具有致病性，除非能证明该基因不具有功能性。

对于蜡样芽孢杆菌群（*B. cereus* group）以外的其他芽孢杆菌（*Bacillus* spp.），应通过开展动物致病性试验或细胞毒性试验评价菌株致病性。细胞毒性试验方法如下：

B.1　供试品制备

将菌株接种于脑心浸液肉汤（BHI）培养基中，30℃培养 6 h 至细胞浓度达到 108 CFU/mL 以上，15000 r/min 室温离心 5 min，吸取上清液作为供试品备用。

B.2　Vero 细胞检测

将 Vero 细胞接种至添加 5% 胎牛血清的最小必需培养液（MEM），于 24 孔板中培养 2～3 d，确认 Vero 细胞融合后去除培养液，用 1 mL 预热（37℃）的 MEM 培养液洗涤细胞 1 次。按如下步骤开始检测：

——每孔中依次加入 1 mL 预热（37℃）的低亮氨酸培养液和 100 μL 供试品，37℃孵育 2 h。

低亮氨酸培养液配制：在 400 mL MEM 培养液中分别添加 200 mmol/L 的 L- 谷氨酰胺 10 mL 和 500 mmol/L 的 N-（2- 羟乙基）哌嗪 -N'-2- 乙烷磺酸（HEPES）缓冲液（pH 7.7）40 mL，加水定容至 1 L，过滤除菌并分装备用。

——去除含有供试品的低亮氨酸培养液，每孔加入 1 mL 预热（37℃）的低亮氨酸培养液，洗涤 1 次。

——将 8 mL 预热（37℃）的低亮氨酸与 16 μL 14C- 亮氨酸（比活度 ＞300 mCi/mmol/L）混合，每孔中加入 300 μL 上述混合物（每孔含 25～100 nCi14C- 亮氨酸），37℃孵育 1 h。

——去除放射性培养液，每孔中加入 5% 三氯乙酸 1 mL，室温放置 10 min。去除三氯乙酸，每孔加入 1 mL 5% 三氯乙酸，洗涤 2 次。

——去除三氯乙酸，每孔加入 100 mmol/L 氢氧化钾 300 μL，室温放置 10 min。将每孔中的混合物转移至含有 2 mL 闪烁液的闪烁管中，涡旋混匀，使用闪烁计数器计数 1 min 放射性。

——未添加供试品的 Vero 细胞作为阴性对照。可使用具有已知细胞毒性的蜡样芽孢杆菌菌株的表面活性素（或培养物上清液）作为阳性对照。

按以下公式进行蛋白质合成抑制率计算：

蛋白质合成抑制率 =（阴性对照放射性—测试样品放射性）/ 阴性对照放射性 ×100%

若蛋白质合成抑制率高于 20%，则判定菌株具有细胞毒性。

也可使用荧光分光光度计测量 Vero 细胞悬浮液的碘化丙啶染色法进行细胞毒性试验。该方法使用培养 2d 的单层融合 Vero 细胞。用含碘化丙啶（5 μg/mL）的 2 mL EC 缓冲液（含 135 mmol/L 氯化钠、15 mmol/L HEPES、1 mmol/L 氯化镁、1 mmol/L 氯化钙和 10 mmol/L 葡萄糖，用 Tris 调节至 pH 7.0～7.1）将细胞调节至终浓度 106 个 /mL 的悬液，置于 1 cm 石英比色皿中，37℃恒温保存。向上述细胞悬液中加入 100 μL 供试品，使用磁力搅拌器和搅拌子连续混合细胞，在 575/615 nm 的激发 / 发射波长和 5 nm 狭缝条件下，每隔 30 s 进行荧光连续检测。若检测结果超过阳性对照（通常为使用清洗剂处理的细胞）荧光 / 吸光度 20% 以上，则认为菌株具有细胞毒性。通常情况下，结果无须去除背景荧光。

附录 C
数据检索要求

文献数据应以结构化方式进行检索。申请人应尽可能检索所有相关信息源，并说明采用该信息源的理由。应对文献数据库（至少包括农业、医学数据库）中以期刊、报告、会议记录和书籍等形式记录的文献进行全面检索。此外，还应考虑文献数据库以外的信息源，如全文期刊的参考文献列表、会议或组织机构网站等。

文献检索至少应涵盖最近 20 年的相关信息源。相关文献列表应通过参考文献管理软件进行编辑并提交。对重要文献应提供复印件。用于新饲料添加剂申报的，申请者必须确保提交的出版物或信息满足其版权所有者规定的条款。

应详细记录并提交检索方法，相关内容如下：

（1）对于数据库检索，至少应包括：

——数据库名称和服务提供者；

——检索日期和检索时间范围；

——检索中使用的任何限制条件，如语言或出版状态；

——完整的检索策略（所有项目和设置条件组合）和检索得到的记录数量。

（2）文献数据库以外的检索，至少应包括：

a）网站和期刊目录检索

　　——信息源名称（即网站名称。若检索特定目录，提供期刊名称）；

　　——网址；

　　——检索日期和检索时间范围。若检索目录，提供检索日期、卷号和期号；

　　——检索方法，如浏览、使用搜索引擎或扫描表；

　　——检索中使用的任何限制条件（如出版物类型）；

　　——检索项目和检索到的相关摘要或全文数量。

　　b）参考文献列表检索

　　——已扫描参考文献列表文件的书目详情；

　　——检索到的参考文献数量。

附录 D
细菌不同抗菌药物的临界值（Cut-off value）

单位：mg/L

细菌 Bacteria 抗菌药物 Antibacterials	青霉素类 Penicillins	糖肽类 Glycopeptides	氨基糖苷类 Aminoglycosides			大环内酯和酮内酯类 Macrolides and ketolides		林可酰胺类 Lincosamides	四环素类 Tetracyclines	酰胺醇类 Amphenicols	喹诺酮类 Quinolones	多黏菌素类 Polymyxins	磷酸类衍生物类 Phosphonic acid derivatives
	氨苄西林 Ampicillin	万古霉素 Vancomycin	庆大霉素 Gentamicin	卡那霉素 Kanamycin	链霉素 Streptomycin	红霉素 Erythromycin	泰乐菌素 Tylosin	克林霉素 Clindamycin	四环素 Tetracycline	氯霉素 Chloramphenicol	环丙沙星 Ciprofloxacin	黏菌素 Colistin	磷霉素 Fosfomycin
专性同型发酵乳杆菌 [a] *Lactobacillus obligate homofermentative*	2	2	16	16	16	1	n.r.	4	4	4	n.r.	n.r.	n.r.
嗜酸乳杆菌群 *Lactobacillus acidophilus group*	1	2	16	64	16	1	n.r.	4	4	4	n.r.	n.r.	n.r.
专性异型发酵乳杆菌 [b] *Lactobacillus obligate heterofermentative*	2	n.r.	16	64	64	1	n.r.	4	8c	4	n.r.	n.r.	n.r.

续表

细菌 Bacteria / 抗菌药物 Antibacterials	青霉素类 Penicillins 氨苄西林 Ampicillin	糖肽类 Glycopeptides 万古霉素 Vancomycin	氨基糖苷类 Aminoglycosides 庆大霉素 Gentamicin	卡那霉素 Kanamycin	链霉素 Streptomycin	大环内酯和酮内酯类 Macrolides and ketolides 红霉素 Erythromycin	泰乐菌素 Tylosin	林可酰胺类 Lincosamides 克林霉素 Clindamycin	四环素类 Tetracyclines 四环素 Tetracycline	酰胺醇类 Amphenicols 氯霉素 Chloramphenicol	喹诺酮类 Quinolones 环丙沙星 Ciprofloxacin	多黏菌素类 Polymyxins 黏菌素 Colistin	磷酸类衍生物类 Phosphonic acid derivatives 磷霉素 Fosfomycin
罗伊氏黏液乳杆菌 Limosilactobacillus reuteri（原罗伊氏乳杆菌 Lactobacillus reuteri）	2	n.r.	8	64	64	1	n.r.	4	32	4	n.r.	n.r.	n.r.
兼性异型发酵乳杆菌 dLactobacillus facultaitve heterofermentative	4	n.r.	16	64	64	1	n.r.	4	8	4	n.r.	n.r.	n.r.
植物乳植物杆菌 Lactiplantibacillus plantarum（原植物乳杆菌 Lactobacillus plantarum）/ 戊糖乳植物杆菌 Lactiplantibacillus pentosus（原戊糖乳杆菌 Lactobacillus pentosus）	2	n.r.	16	64	n.r.	1	n.r.	4	32	8	n.r.	n.r.	n.r.

续表

细菌 Bacteria 抗菌药物 Antibacterials	青霉素类 Penicillins 氨苄西林 Ampicillin	糖肽类 Glycopeptides 万古霉素 Vancomycin	氨基糖苷类 Aminoglycosides 庆大霉素 Gentamicin	卡那霉素 Kanamycin	链霉素 Streptomycin	大环内酯和酮内酯类 Macrolides and ketolides 红霉素 Erythromycin	泰乐菌素 Tylosin	林可酰胺类 Lincosamides 克林霉素 Clindamycin	四环素类 Tetracyclines 四环素 Tetracycline	酰胺醇类 Amphenicols 氯霉素 Chloramphenicol	喹诺酮类 Quinolones 环丙沙星 Ciprofloxacin	多黏菌素类 Polymyxins 黏菌素 Colistin	磷酸类衍生物类 Phosphonic acid derivatives 磷霉素 Fosfomycin
鼠李糖乳酪杆菌 Lacticaseibacillus rhamnosus（原鼠李糖乳杆菌 Lactobacillus rhamnosus）	4	n.r.	16	64	32	1	n.r.	4	8	4	n.r.	n.r.	n.r.
干酪乳酪杆菌 Lacticaseibacillus casei（原干酪乳杆菌 Lactobacillus casei）/ 类干酪乳酪杆菌 Lacticaseibacillus paracasei（原类干酪乳杆菌 Lactobacillus paracasei）	4	n.r.	32	64	64	1	n.r.	4	4	4	n.r.	n.r.	n.r.
双歧杆菌属 Bifidobacterium sp.	2	2	64	n.r.	128	1	n.r.	1	8	4	n.r.	n.r.	n.r.

续表

细菌 Bacteria / 抗菌药物 Antibacterials	青霉素类 Penicillins 氨苄西林 Ampicillin	糖肽类 Glycopeptides 万古霉素 Vancomycin	氨基糖苷类 Aminoglycosides			大环内酯和酮内酯类 Macrolides and ketolides		林可酰胺类 Lincosamides 克林霉素 Clindamycin	四环素类 Tetracyclines 四环素 Tetracycline	酰胺醇类 Amphenicols 氯霉素 Chloramphenicol	喹诺酮类 Quinolones 环丙沙星 Ciprofloxacin	多黏菌素类 Polymyxins 黏菌素 Colistin	磷酸类衍生物类 Phosphonic acid derivatives 磷霉素 Fosfomycin
			庆大霉素 Gentamicin	卡那霉素 Kanamycin	链霉素 Streptomycin	红霉素 Erythromycin	泰乐菌素 Tylosin						
片球菌属 Pediococcus sp.	4	n.r.	16	64	64	1	n.r.	1	8	4	n.r.	n.r.	n.r.
明串珠菌属 Leuconostoc sp.	2	n.r.	16	16	64	1	n.r.	1	8	4	n.r.	n.r.	n.r.
乳酸乳球菌 Lactococcus lactis	2	4	32	64	32	1	n.r.	1	4	8	n.r.	n.r.	n.r.
嗜热链球菌 Streptococcus thermophilus	2	4	32	n.r.	64	2	n.r.	2	4	4	n.r.	n.r.	n.r.
芽孢杆菌属 Bacillus sp.	n.r.	4	4	8	8	4	n.r.	4	8	8	n.r.	n.r.	n.r.
丙酸杆菌属 Propionibacterium sp.	2	4	64	64	64	0.5	n.r.	0.25	2	2	n.r.	n.r.	n.r.
肠球菌 Enterococcus faecium	2	4	32	1024	128	4	4	4	4	16	n.r.	n.r.	n.r.

续表

细菌 Bacteria / 抗菌药物 Antibacterials	青霉素类 Penicillins	糖肽类 Glycopeptides	氨基糖苷类 Aminoglycosides			大环内酯和酮内酯类 Macrolides and ketolides		林可酰胺类 Lincosamides	四环素类 Tetracyclines	酰胺醇类 Amphenicols	喹诺酮类 Quinolones	多黏菌素类 Polymyxins	磷酸类衍生物 Phosphonic acid derivatives
	氨苄西林 Ampicillin	万古霉素 Vancomycin	庆大霉素 Gentamicin	卡那霉素 Kanamycin	链霉素 Streptomycin	红霉素 Erythromycin	泰乐菌素 Tylosin	克林霉素 Clindamycin	四环素 Tetracycline	氯霉素 Chloramphenicol	环丙沙星 Ciprofloxacin	黏菌素 Colistin	磷霉素 Fosfomycin
棒状杆菌属和其他革兰氏阳性菌 Corynebacterium and other Gram-positive	1	4	4	16	8	1	n.r.	4	2	4	n.r.	n.r.	n.r.
肠杆菌科 Enterobacteriaceae	8	n.r.	2	8	16	n.r.	n.r.	n.r.	8	n.r.	0.06	2	8

注：n.r. 无须测定。

a 包括德氏乳杆菌 Lactobacillus delbrueckii，瑞士乳杆菌 Lactobacillus helveticus；

b 包括发酵黏液乳杆菌 Limosilactobacillus fermentum（原发酵乳杆菌 Lactobacillus fermentum）；

c 布氏迟缓乳杆菌 Lentilactobacillus buchneri（原布氏乳杆菌 Lactobacillus buchneri）的四环素临界值为 128 mg/L；

d 包括同型发酵的唾液联合乳杆菌 Ligilactobacillus salivarius（原唾液乳杆菌 Lactobacillus salivarius）。

附录 E
发酵制品中无生产菌株活细胞评价方法

E.1　样品采集

每个发酵制品产品至少取 3 个批次，每个批次至少取 3 个样品进行检测。样品应从工业化生产线采集，记录采样点所处的具体生产阶段。若尚无工业化产品，可采用中试产品，但应明确中试生产工艺（发酵及后处理工艺）具有工业化生产工艺的代表性。

E.2　样品前处理

每个样品至少取 10 g（mL）进行前处理后制备检液。如固体样品：称取 10 g，加入 90 mL 灭菌生理盐水，充分振荡混匀，使其分散混悬，静置后，取上清液作为 1 ：10 稀释的检液。水溶性液体样品：用灭菌吸管吸取 10 mL 样品，加入 90 mL 灭菌生理盐水，混匀后制成 1 ：10 稀释的检液。至少取 10 mL 上述检液进行生产菌株活细胞培养检测。用于培养检测的检液中至少含有 1 g（mL）样品。

E.3　培养条件

采用可培养的方法分析发酵制品中生产菌株活细胞存在情况。选择适宜的培养条件（包括培养基、培养温度和时间等），确保生产菌株活细胞生长。应使用最小选择压力的培养基（如常用于培养革兰氏阴性细菌和芽孢杆菌的胰蛋白胨大豆琼脂培养基、常用于培养酵母的麦芽浸粉琼脂培养基、常用于培养丝状真菌的马铃薯葡萄糖琼脂培养基等），延长培养时间（至少长于两倍常规培养时间）使受损细胞恢复。若菌株能形成芽孢，应采用适宜的萌发程序（如细菌热处理），使其萌发后进行后续培养。

E.4　质控试验

培养检测时，每批次样品应设置阳性对照，即在每批次其中 1 个样品中接种较低数量的生产菌株活细胞（如每个平板 10～1000 个菌落），以证明所用培养基和培养条件适合于产品中生产菌株活细胞的生长。

应考虑检测方法的特异性，以避免样品中污染菌的干扰。

E.5　鉴定确认

样品经培养后，若平板上长出与阳性对照形态相似的菌落，应通过鉴定确认其是否为生产菌株。

附录 F

发酵制品中生产菌株 DNA 检测方法

F.1 样品采集

每个发酵制品产品至少取 3 个批次，每个批次至少取 3 个样品进行检测。样品应从工业化生产线采集，记录采样点所处的具体生产阶段。若尚无工业化产品，可采用中试产品，但应明确中试生产工艺（发酵及后处理工艺）具有工业化生产工艺的代表性。

F.2 DNA 提取

至少从 1 g（mL）样品中提取 DNA。若上游发酵中间产品浓度高于终产品浓度，可使用上游发酵中间产品提取 DNA。对于相同上游发酵工艺生产的中间产品，经不同后处理工艺获得的不同配方添加剂产品，应对浓度最高的产品进行检测。若为不同发酵生产体系生产的产品，应对每个添加剂产品分别进行检测。

应采用适合于生产菌株各类细胞形式（如营养细胞、芽孢）的 DNA 提取方法，确保能从产品中提取到可能残留的 DNA。

F.3 特异 PCR 扩增

针对生产菌株的特定 DNA 片段设计特异性引物，通过 PCR 检测生产菌株 DNA 是否存在。应详细描述生产菌株的特定 DNA 片段、特异性引物、聚合酶以及扩增条件等信息。

若生产菌株含有耐药基因（无论其是否为转基因微生物），所设计引物的扩增产物应覆盖耐药基因的完整 DNA 片段。

若生产菌株为不含耐药基因的转基因微生物，所设计引物应针对遗传修饰目的基因，其扩增产物不超过 1Kb。

F.4 质控

PCR 检测时应当包括以下对照和灵敏度测试：

——将直接从生产菌株中提取的总 DNA 作为 PCR 扩增的阳性对照；

——将直接从生产菌株提取的总 DNA 梯度稀释后，分别添加至样品中，提取 DNA 并进行 PCR 扩增，计算检测限；

——将直接从生产菌株提取的总 DNA 作为排除 PCR 抑制的阳性对照，即将直接从生产菌株提取的总 DNA 添加至从样品中提取的 DNA 中进行 PCR 扩增，以检查样品 DNA 中是否存在导致 PCR 失败的因素，如存在 PCR 抑制剂、核酸酶等；

——不含样品 DNA 的阴性对照；

——检测阈值应不高于 10 ng DNA/g（mL）样品。

附录 G
缩略词表

中文名称	英文全称	英文缩写
脑心浸液肉汤	Brain Heart Infusion Broth	BHI
呕吐素合成酶基因	cereulidesynthetase gene	ces
菌落形成单位	Colony Forming Unit	CFU
极为重要抗菌药物	Critically Important Antimicrobial	CIA
美国临床和实验室标准协会	Clinical and Laboratory Standard Institute	CLSI
细胞毒素 K 基因	cytotoxin K gene	cytK
肠球菌表面蛋白基因	enterococcal surface protein gene	esp
欧洲抗微生物药敏感试验委员会	European Committee on Antimicrobial Susceptibility Testing	EUCAST
脱氧核糖核酸	Deoxyribonucleic Acid	DNA
溶血素 BL 基因	hemolysin BL gene	hbl
N-（2-羟乙基）哌嗪 -N'-2-乙烷磺酸	4-（2-Hydroxyethyl）piperazine-1-ethanesulfonic acid	HEPES
高度重要抗菌药物	Highly Important Antimicrobial	HIA
屎肠球菌类糖基水解酶基因	Putative glycosyl hydrolases gene of Enterococcus faecium	hylEfm
原核生物系统学国际委员会	International Committee on Systematics of Prokaryotes	ICSP
原核生物国际命名法规	International Code of Nomenclature of Prokaryotes	ICNP
国际藻类、真菌和植物命名法规	International Code of Nomenclature for algae, fungi, and plants	ICN
插入序列 16	Insertion sequence 16	IS16
国际标准化组织	International Organization for Standardization	ISO

续表

中文名称	英文全称	英文缩写
核糖体 rDNA 翻译间隔序列	Internal Transcribed Spacer	ITS
乳酸菌药物敏感性试验培养基	LAB susceptibility test medium	LSM
最低必需培养基	Minimum Essential Medium	MEM
最低抑菌浓度	Minimum Inhibitory Concentration	MIC
非溶血性肠毒素基因	non-hemolytic enterotoxin gene	nhe
开放阅读框	Open Reading Frames	ORF
聚合酶链式反应	Polymerase Chain Reaction	PCR
全基因组序列	Whole Genome Sequence	WGS
世界卫生组织	World Health Organization	WHO

附录 H

相关网址

BUSCO	http://busco.ezlab.org
CARD	https://card.mcmaster.ca
CGE	http://www.genomicepidemiology.org
ENA	http://www.ebi.ac.uk/ena
NCBI	https://www.ncbi.nlm.nih.gov
CLSI	http://www.clsi.org
PAI DB	http://www.paidb.re.kr/about_paidb.php
ResFinder	https://cge.cbs.dtu.dk/services/ResFinder
UniProt	http://www.uniprot.org
VFDB	http://www.mgc.ac.cn/VFs/main.htm